영국 걷기여행

영국 걷기여행

Coast to Coast Walk

아이리시해에서 북해까지,
코스트 투 코스트 워크

이영철 지음

미래의창

스코틀랜드
에든버러
북아일랜드
CTC 경로
잉글랜드
웨일스
런던

걷고 싶은 곳이야말로 최고의 여행지라고 누군가가 말했다. 코로나19가 우리 삶을 뒤흔드는 동안 오랜 시간에 걸쳐 경기 둘레길을 걸었다. 한반도 역사가 응축되어 있는 중심 현장을 두 발로 누빈다는 뿌듯함과 함께 우리 땅에 대한 애정이 새삼 솟구치는 여정이었다.

둘레길 860km 완주 마지막 날엔 김포 대명항 도착 즉시 해안 철책선 아래 나뭇잎 속을 헤쳤다. 1코스 시작하던 날 묻어뒀던 조약돌은 그 자리에 그대로 있었다. '다시 가지러 올 때까지 나를 잘 지켜달라'는 염원을 담아 묻었었다. 조약돌에 쓰여진 'Tims'라는 볼펜 글씨 또한 그대로였다. 영국 횡단 CTC를 출발하던 날 영국인 팀스씨가 나에게 건내줬던 조약돌이다. "북해 앞까지 가는 동안 이 조약돌이 당신을 안전하게 지켜줄 것"이라며 세인트비스 해변에서 하나 주워 내 손에 쥐어 줬었다. 원래는 다른 이들처럼 10여일 후 북해 앞바다에 휼쩍 던져야 했지만 어쩐지 아까워 가져왔었다.

영국 브리튼 섬을 걸었던 그해 여름은 내 인생에 오래 기억될 만한 찬란한 날들이었다. 레이크 디스트릭트와 요크셔 데일스와 노스요크무어스, 3개의 국립공원을 두 발로 누비며 섬 전체를 가로질러 횡단했다. 야생화 헤더 꽃이 만발한 계절, 잉글랜드 북부의 황무지 무어moor는 완전한 보랏빛 낙원이었다. 길 위에서 만났던 이들은 시간이 흘러도 변함없이 정겨운 모습으로 머릿속을 맴돈다. 랑데일 골짜기에서의 뉴질랜드인 형제, 켈드의 숙소 버트하우스의 가일스 씨 부부, 서너 번 만나고 헤어지고를 반복했던 미국인 셰릴리와 킨시 그리고 산 밑에서 40분이나 나를 기다려준 테일러 여사와 그의 손자 에드워드, 한결같이 그리운 얼굴들이다.

The fool wanders, a wise man travels. (바보는 방황하고 현자는 여행한다).

영국 작가 토마스 풀러의 말이다. 여행하는 사람은 현명하다는 의미보다는 어떤 어려운 상황에 처했을 때 바보같이 방황만 하지 말고 어딘가로 여행을 떠나봐라, 그러면 뭔가 문제가 풀리고 새로운 길이 보일 것이다, 라는 의미일 것이다.

섬나라 영국은 지형적으로 우리 한반도와 닮았다. 반도에는 견고한 휴전선이 남북을 가르고, 섬의 허리에는 고대 성벽의 흔적이 스코틀랜드와 잉글랜드를 구분 짓는다. 스코틀랜드 바로 아래쪽인 잉글랜드 북부 지방을 서해안에서 동해안까지 횡단하는 총거리 315킬로미터 도보여행길을 가리켜 '코스트 투 코스트 워크Coast to Coast Walk(CTC)'라고 한다. 우리나라로 비유하면 인천 월미도에서 강릉 정동진이나 묵호항까지 가는 정도의 거리다.

우리가 알게 모르게 익숙해져 있는 서구 문화의 다양한 면들이 망라되어 있는 곳이 영국이다. 그 섬의 가운데 허리 부분을 두 발로 뚜벅뚜벅 횡단하는 CTC 트레킹은 따라서 영국의 속살을 경험하는 영국 여행의 진수나 다름없다.

CTC는 영국의 여행 작가 앨프리드 웨인라이트Alfred Wainwright가 1972년에 개척하여 세상에 알린 길이다. 영국을 대표하는 장거리 트레일로 유럽인들에게는 많은 사랑을 받고 있지만, 어쩐 일인지 우리나라엔 아직까지 알려진 바가 거의 없다.

내가 CTC와 인연이 닿은 건 미국의 한 잡지 기사를 통해서였다. 《스미소니언 매거진》이 선정한 '세계 10대 도보여행길'을 소개하는 기사였는데, 여기에 3위로 언급된 CTC가 단박에 내 눈길을 끌었다.

세계 10대 트레일 기사를 접하고 나는 겁도 없이 홀로 길을 나섰다. 섬나라 영국을 15일간은 걸어서 횡단하고, 15일간은 대중교통으로 남북을 종단하는 한 달 여정이었다. 아이리시해를 바라보며 세인트비스를 떠나, 15일 후에 광활한 북해와 조우하며 로빈후즈베이에서 횡단을 마쳤다.

CTC를 시작하던 첫날 세인트비스 절벽에 올라 아이리시해를 바라보던 그날의 느낌은 여전히 생생하다. 새로운 길, 안 가 본 길 앞에 마주 선 이들의 심정이 대체로 그러할 것이다. 은근한 기대와 막연한 두려움, 거기에 각자 나름의 의지가 섞인 묘한 설렘이 혼재되지 않을까. 그리곤 그 길을 걸어 목표했던 곳까지 이르고 나면 그 여정은 그에게 새로운 역사가 된다. 각자의 인생을 구성하는 또 하나의 '작은 인생'으로 쌓이는 것이다. 우리네 삶의 질이 얼마나 풍성하고 윤택할지는 이런 소소한 역사나 작은 인생들을 얼마나 촘촘하게 쌓아가느냐에 달려 있지 않을까.

2023년 4월 이영철

차례

1
레이크 디스트릭트
Lake District

2

요크셔 데일스

Yorkshire Dales

3

노스요크무어스

North York Moors

코스트 투 코스트(CTC) 주요 경로

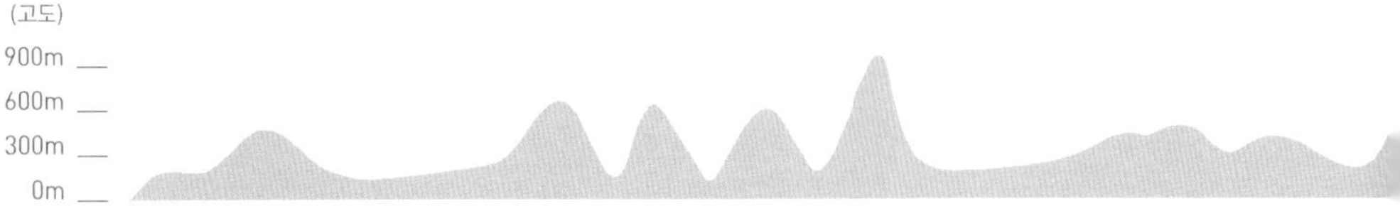

총거리 315km

최고 고도 950m

최저 고도 0m

소요 기간 약 15일

하루 평균 이동 거리 21km

여행 시기 헤더꽃이 만발하는 8~9월이 적기다.

유의 사항 이정표가 많지 않으니 지도와 나침반, GPS를 반드시 챙겨야 한다.

휫비
호스커
리치먼드
댄비위스크
블래이키 리지
그로스몬트
로빈후즈
베이
리스
오스머덜리
클레이
뱅크톱
노스요크무어스

1

레이크 디스트릭트

Lake District

Day 0 ~ Day 4

St. Bees

Ennerdale Bridge

Rosthwaite

Langdale

Grasmere

Shap

Day 0

세인트비스

St. Bees

세인트비스는 잉글랜드 북부의 컴브리아 주 서쪽 끝에서 아이리시 해에 면해 있는 자그마한 어촌 마을이다. 앨프리드 웨인라이트가 잉글랜드 횡단 도보여행길 CTC를 개발하면서 이곳을 그 출발점으로 삼았다. 런던 유스턴 역에서 스코틀랜드 글래스고행 기차를 타고 올라오다가 도중에 칼라일에서 시골열차로 환승하여 종점인 이곳까지 오는 것이 가장 일반적인 경로다.

기차가 묵직한 기계음을 내며 슬금슬금 멈춰 섰다. 한적한 시골 마을 종착역, 차창으로 보이는 역 이름에 마음이 포근해졌다. 오래된 적갈색 건물 벽에 소박한 글씨로 쓰인 'St. Bees', 지난 몇 년 동안 꿈에 그려왔던 곳이다. 잉글랜드 북부의 서쪽 해안 마을 세인트비스. 아침 9시에 런던의 민박집을 나섰으니 오후 4시까지 7시간이 걸렸다. 런던 유스턴Euston 역에서 스코틀랜드 글래스고행 기차에 올라 잉글랜드 내륙을 수직으로 올라왔다.

5810

도중에 환승한 칼라일Carlisle 역은 한 시간으로는 아쉬움이 많은 도시였다. 대기 시간이 넉넉했다면 로마 시대에 만들어진 하드리아누스 성벽Hadrian's Wall의 유적을 둘러볼 수도 있었다. 지어질 때부터 스코틀랜드와 잉글랜드의 경계 역할을 했던 성벽이다. 우리의 휴전선 근처인 파주와 비슷한 위치의 칼라일에서 점심을 먹고 빈둥거리다, 시골 기차로 갈아타곤 서남쪽으로 달려 이곳 아이리시 해안까지 내려왔다. 처음 타본 영국의 장거리 기차는 잉글랜드 내륙의 이국적인 시골 풍경들을 섬세한 스케치로 내 망막에 그려놓았다.

여느 종착역이 그렇듯 세인트비스 역에 내린 사람들도 두 부류다. 거주민들은 총총걸음으로 역을 떠나고, 배낭 맨 이방인들은 느긋한 걸음으로 주변 이곳저곳을 두리번거린다.

잉글랜드 서해안의 내음이란 어떤 것일까? 아직 바다는 보이지 않지만 심호흡 크게 하며 코를 킁킁거려본다. 상큼하면서 코를 간질이는 뭔가의 느낌이 온다. 쌉쌀한 소금기가 폐 속으로 쓰윽 밀려드는 것이다.

기차역 인근의 스톤하우스 팜Stonehouse Farm 주인아주머니는 처음 보는 나를 오랜 이웃 만나듯 친근하게 맞이해준다. 두 달 전 예약하면서 이메일 두 번 주고받은 게 전부였다. 2층 깔끔한 독방으로 안내받았다. 저렴한 다인실 숙소를 찾았으나 여의치 않아 이 집을 예약했었다. 침대 위에 배낭을 풀어놓고 1층 식당에서 주인아주머니와 다시 마주 앉았다. 하숙집 생활 수칙을 듣는 대학생처럼 다

소곳한 자세로 이 마을의 역사와 소소한 이야기들을 설명 들었다.

지금으로부터 1,300여 년 전, 바다 건너 아일랜드 땅에는 '베가Bega'라는 공주가 살았다. 신앙심이 깊었던 공주는 수녀가 되어 평생을 하느님에게 종사하기로 마음 먹고 있었다. 그러나 그런 딸을 안타까이 여기던 왕은 공주를 노르웨이의 왕자와 결혼시키려 했다. 이에 공주는 마음을 같이하는 수녀들 여럿과 함께 조그만 배에 올라 바다로 도망쳐

나갔다. 바다 건너 동쪽 멀리에 있을 넓은 땅에 함께 모여 살고픈 소망이 있었다.

가련한 여자들이 노 젓는 배를 거친 바다는 그냥 내버려두지 않았다. 육지를 떠난 지 며칠 만에 거센 풍랑을 만나 배는 난파되었다. 정처 없이 표류하며 수녀들 몇몇은 죽었고, 배에 실었던 살림살이도 모두 잃었다. 겨우 살아남은 공주와 수녀들은 어딘가의 육지에 닿았다. 해안 주변에 움막을 지어 목숨을 부지하며 은둔의 삶을 이어갔다.

그곳 조그만 해안 마을에도 같은 종교를 가진 사람들이 많아서 서로 도우며 서로에게 의지가 되었다. 공주와 수녀들의 헌신이 주변에 알려지면서 그들은 차츰 마을 사람들로부터 성스러운 존재로 여겨졌다. 시간이 흐르며 공주는 성녀로 추앙받았고 '세인트 베가St. Bega'란 이름으로 불리게 되었다.

공주는 인근에 뜻을 같이하는 어려운 처지의 사람들을 모아, 함께 기도하며 사는 공동체를 꾸리고 싶었다. 그녀는 마을의 유력자인 에그리몬트 경을 찾아가 수도원을 지을 땅을 간곡히 부탁했다. 대놓고 거절을 할 수 없었던 에그리몬트 경은 건성으로 이렇게 대답했다.

"하느님을 섬기며 살겠다는 그대들 뜻은 참 좋소. 내일 아침 눈이 온다면 눈 덮인 땅만큼 그대들에게 주겠소."

한여름에 눈이 올 리 만무했으나 베가는 감사하다고 인사했다. 그날 밤 베가는 신께 간절히 기도를 드렸다. 그리고 다음 날 아침이 되었다. 놀랍게도 바닷가 마을 십 리에 걸쳐 하얀 눈이 쌓여 있었다. 공주의

기도가 한여름에 눈을 만들어 대지에 뿌린 것이다.

건성으로 해줬던 약속이었지만 에그리몬트 경은 안 지킬 수가 없었다. 베가의 소망대로 수녀원이 지어졌고, 후에 바이킹의 침략으로 폐허가 되기까지 200여 년 동안 이곳은 모두에게 성스러운 곳이었다. 역사의 부침이 반복되면서 공주의 다른 이름인 '세인트비스'가 이 마을의 지명으로 굳어졌다.

잉글랜드 북부의 8월은 해가 길다. 겨울날 오후 5시라면 해질녘이겠지만 오늘 같은 여름날은 8시 넘어야 일몰이다. 3시간 이상의 여유가 있어 편안한 차림과 느긋한 마음으로 숙소를 나왔다. 아주머니가 일러준 대로 남쪽으로 난 오르막길을 걸어 올랐다. 양옆으로 소박한 상가와 집들이 줄지어 선, 이 마을 중심 도로다.

길가 벤치에 앉은 할머니 한 분이 나를 보며 먼저 눈인사를 해온다. 눈인사 대신 허리를 90도 숙이는 우리식 인사를 드렸는데 할머니도 아시는지 얼굴에 함박웃음 가득이다. 의자 옆에 엎드린 강아지 한 마리가 멍하니 졸린 눈으로 나를 바라보고 있다.

집들이 뜸해지는 삼거리에서 바닷가로 향하는 네더타운 로드 Nethertown Road로 들어서면서 인적이 거의 사라진다. 서해 바다가 시야에 들어왔다. 광활한 수평선의 아이리시 해가 비장하게 일몰을 준비하고 있다. 내리막 숲길을 따라 철길을 건너고 해안에 이르면 기다란 모래사장이다. 강아지를 데리고 산책하는 어르신들이 여럿 보

이고, 아이들이 둘러앉아 바지 엉덩이를 흥건히 적신 채 모래집 소꿉놀이에 여념들이 없다. 제법 쌀쌀한 초저녁 날씨다. '얘들아, 감기 걸린다'며 만류할 법도 한데, 아이들 엄마는 그저 행복한 표정으로 바라보고만 있다.

짙은 구름 속에서도 서쪽 하늘 끝 수평선 언저리는 석양이 붉게 물들고 있다. 저 어딘가에 제주도 면적의 3분의 1쯤 되는 맨 섬Isle of Man이 있을 것이다. 다시 그 섬 너머 수십 킬로미터에는 또 하나의 섬나라가 있다. 작은 섬나라 아일랜드와 큰 섬나라 영국 사이에서 지리적으로, 문화적으로 가교 역할을 하는 것이 꼬마 섬, 맨 섬이다. 울릉도를 사이에 둔 우리와 일본처럼 두 섬나라 사이에도 피해자와 가해자 또는 약자와 승자의 역사가 켜켜이 쌓여왔다.

기원전 순박한 원주민들만 오손도손 살아갈 때에는 그 모습이 작은 섬에서나 큰 섬에서나 비슷했을 것이다. 도버해협을 사이에 두고 유럽 대륙에 가까웠던 큰 섬나라 잉글랜드에 고대 로마군이 상륙하면서 이후 2,000년 역사가 바뀌었다. "대영제국의 역사는 기원전 55년 8월 26일에 시작되었다." 윈스턴 처칠의 말이다. 기원전 '그날'은 율리우스 카이사르의 로마군이 처음으로 섬나라 영국 땅을 밟은 날이다.

당시 이 섬은 브리타니아Britannia로 불렸다. '브리튼Britain족이 사는 땅'이란 뜻이었다. 2,000년 지난 지금도 그 이름은 비슷하다. 브리타니아 대신 '그레이트 브리튼Great Britain'으로 살짝 바뀌었을 뿐이다. 이 섬을 구성하는 스코틀랜드, 잉글랜드, 웨일스에 바로 인근의 섬 북아일랜드가 더해져 네 개의 지역으로 구성된 하나의 영국연방이 되었다. '그레이트 브리튼과 북아일랜드의 연합왕국United Kingdom of Great Britain and Northern Ireland'이라는 기다란 정식 국명도 만들어졌다.

밀물이 들어오기 시작하는 모래사장 너머는 드넓은 잔디와 함께 오토캠핑장으로 유명한 시코트 공원Seacote Park이다. 그네와 미끄럼틀과 그물망, 온갖 놀이기구 여기저기에 아이와 어른들이 함께 어울려 해 지는 줄 모른다.

공원 한편, 사람들 몇몇이 서 있는 큼직한 돌벽 앞에 나도 함께 섰다. 철판에 뚫린 선명한 문구가 고대하던 영화의 오프닝 타이틀처럼 몸과 마음을 들뜨게 한다.

코스트 투 코스트 길의 출발점인 '웨인라이트 월(Wainwright Wall)'.

코스트 투 코스트 길의 시작.

Start of Coast to Coast Walk.

내일부터 걸어갈 CTC 여행길의 출발점이다.

1973년에 한 권의 책으로 이 길을 세상에 알린 사람이 있었다.

그의 큼지막한 말년 사진 한 장이 돌벽 한편을 장식하고 있다. 앨프리드 웨인라이트(1907~1991), 이곳 잉글랜드에서 태어나 여행 작가로서 자신이 스케치한 삽화들과 함께 40여 종의 여행서를 써냈다.

수백 년 전부터 있어온 여러 갈래의 길들이었을 것이다. 한 여행가의 집념과 열정이 이 길들을 하나로 묶었다. 40여 년 동안 많은 이들의 땀방울과 발자국으로 다져지면서 더 좋은 길로 거듭났을 것이다.

문을 건너지 않고 방 밖으로 나갈 수 없듯이, 우리는 길을 밟지 않고는 세상을 만날 수 없다고 했다. 밟아본 적 없는 새로운 길 앞에 섰다.

Day 1

에너데일 브리지

Ennerdale Bridge

아이리시 해를 떠나 잉글랜드 내륙으로 첫발을 내딛는 길이다. 세인트비스 남벽과 북벽을 지날 때까지는 해안 절벽 길만 따라가면 된다. 첫 번째 마을 샌드위스부터 다음 마을인 클리터까지는 농지와 임야를 가로지르기 때문에 길이 명확하지 못하다. GPS가 없다면 잠시 길을 멈추고 일행을 구하는 게 좋다. 덴트펠 정상에서 하산길이 다소 헷갈릴 수 있으니 북동 방향을 잘 잡아야 한다.

이번 여정의 숙소는 대부분 아침식사가 포함되는 비앤비B&B: Bed and Breakfast다. 일반적으로 호스텔, 로지Lodge, 게스트하우스, 알베르게Albergue 등으로 불리는 여행자 숙소가 영국이나 아일랜드에서는 '비앤비'로 흔히 통용된다. 나는 한 달 여정의 모든 숙소를 2개월 전에 미리 인터넷으로 예약해뒀었다. CTC를 소개하는 여러 사이트에 각 시골 마을 숙소들이 상세하게 소개되어 있다. 한두 줄의 간단한 이메일을 주고받는 것만으로도 쉽게 예약을 마칠 수 있었다.

되도록 저렴한 다인실로 예약하고 싶었으나, 빈 방이 없을 경우 비싼 2인실이나 독방으로 밀렸다. 꽉 짜인 일정이니만큼 돌발 변수가 생겨선 안 되었다. 하루라도 어긋나면 나머지 일정도 뒤틀리기 때문이다. 뭔가에 얽매인다는 측면에서 자유여행의 취지에는 다소 어긋나지만, 이런 사전 계획이 효율성이나 경비 운용 면에서는 훨씬 도움이 된다.

아침 식탁에서 인사를 나눈 팀스 씨 부부와 함께 숙소를 나섰다. 런던에서 왔다는 부부는 3일간만 걷고 돌아간다고 한다. 10년 전에 남편 혼자 이 길을 종주한 적이 있어서 그 추억을 일부 구간에서나마 아내와 함께 되새겨보고 싶은 모양이다. 어제 잠시 들렀던 CTC 출발점인 웨인라이트 월까지는 숙소에서 15분 거리다. 부부가 도란도란 이야기 나누며 앞섰고, 나는 뒤에서 거리를 둔 채 주변을 둘러보며 천천히 따랐다.

세인트비스 앞바다에는 두 개의 높다란 절벽이 있어 마을 전체를 감싸주는 형상이다. 사우스헤드South Head와 노스헤드North Head, 우리말로 남벽과 북벽쯤으로 불러도 좋겠다. 기다란 백사장이 끝나는 지점부터 남쪽과 북쪽 해안 절벽이 연이어지는 것이다. '로빈후즈베이까지 192마일'이라고 쓰여 있는 출발점에서 남벽 능선을 따라 오르는 길은 꽤나 가파르다. 깎아지른 절벽 아래로 아이리시 해의 거센 파도가 몰아치고, 반대편 푸른 초원에서는 하얀 양 떼들이 한가로이 풀을 뜯고 있다.

세인트비스 해안절벽.

길 떠나는 시작부터 숨이 턱까지 차오르면서도, 등 뒤로 멀어지는 세인트비스 마을에도 자꾸만 고개 돌려 눈이 간다. 남벽 중턱쯤 오르니 이런 나를 기다리는 벤치 하나가 나타난다. 배낭을 내려놓고 긴 호흡 두 번 내쉬고 나면, 멀어지며 희미했던 세인트비스 마을과 해안선 정경이 조금은 더 또렷해진다. 팀스 씨 부부는 한참 멀리 앞서가 있지만 나는 벤치에 앉아 잠시 감상에 젖고 있다. 조금만 더 올라가면 세인트비스는 시야에서 사라질 텐데, 언제 다시 이곳에 와보랴.

한숨을 돌리고 배낭을 짊어지니 의자 등받이에 새겨진 몇 줄 문장이 눈에 띈다.

매인과 한나 코너, 이곳 세인트비스에 40년 넘게 살다 가신 저희 부모님을 기억해주세요.

마음이 아련해진다. 도시로 떠난 자식들이 하늘나라 부모님을 생각하는 마음은 세상 어디나 같은 모양이다. 고인을 그리워하는 사람들이 고인과 관계가 있거나 의미가 있는 곳에 이런 글과 함께 의자 하나를 설치해놓는 문화가 영국에서는 보편화되어 있다고 들었다. 앞으로의 여행 동안 호젓한 곳에서 반가운 의자를 자주 만날 것이다. 잠시 땀 식히며 앉아 거기 새겨진 낯선 이름들을 되새기게 될 것이다.

남벽 오르막이 끝나면 세인트비스 마을은 시야에서 사라진다. 북벽이 눈앞에 가까워졌지만 절벽 아래까지 내려갔다가 다시 올라가야 한다. 완만한 내리막이 끝나는 곳은 플레스윅베이Fleswick Bay, '만彎, bay'이라고 부르기엔 너무 소박한 곳이다. 그저 두 절벽 사이의 틈새에 불과한 느낌이다. 남벽과 북벽을 경계 짓는 이곳을 가이드북에서는 "아이리시 해에 발 담글 수 있는 마지막 기회"라고 친절하게 일러주고 있다. 조금만 더 내려가 바닷물에 발 담그고 나오면 운치 있겠지만 어쩌랴, 그리 여유 부릴 상황이 아닌 듯싶다. 검은 구름 가득한 하늘 저편에서 두어 번 천둥소리가 울린다. 언제 비를 쏟아

부을지 모를 일이다. 팀스 씨 부부가 있는 쪽으로 조금 더 따라붙는 게 좋겠다.

다시 오르막으로 북벽 고지대에 이르면 잉글랜드에서 가장 서쪽에 면한 땅 끝을 잠시 걷는다. 그저 모두 비슷한 해안 절벽들 중의 하나에 불과할 따름이지만, 바다 건너 아일랜드 섬과 가장 가까워지는 위치라는 의미를 붙이고 보면 그 느낌 또한 새로워진다.

절벽 곳곳에는 수백 마리의 바다새들이 옹기종기 모여 앉아 재잘거리고 있다. 조용히 지나가려는데, 놀라서인지 아니면 나를 반기는 표현인지 모두 갑자기 쏴아 허공으로 날아오르며 일제히 함성을 질러댄다. 오른편 한나무어Hannah Moor의 푸른 초원에는 남벽의 양떼들 대신에 수십 마리의 소 떼가 묵직한 자태로 풀을 뜯고 있다. 멀리서부터 조금씩 가까워졌던 하얀 등대를 지나갈 즈음이면 이제 바다와 헤어질 때가 되었다.

캐다 만 암석들이 황량하게 흩어진 채석장을 돌아 내륙으로 길의 방향이 바뀌면서 팀스 씨 부부가 다시 시야에 들어왔다. 3일만 걷고 돌아가는 일정이라 그런지 부부의 배낭은 훨씬 단출하다. 아마도 이 길을 잘 아는 영국인이라서 그럴지도 모른다. 여전히 부부는 도란도란 쉼 없이 이야기를 나누고 있다. 멀리서 보이는 뒷모습으로도 그 정겨움이 느껴진다. 발걸음을 재촉해 조금 더 따라붙자 아내분이 뒤돌아보며 손 흔들어 환영해준다.

세상 어디나 그렇듯 내륙으로 들어서면 해안선보다 길이 복

운이 좋으면 같은 목적지로 가는 동반자를 만날 수 있다.

잡해진다. 엉뚱한 길로 들어서기도 쉽다. 당분간 부부를 놓치지 말고 함께 따라 걷는 게 안전하겠다. 해안선을 벗어나 호젓한 시골길로 들어서면 잠시 후 한적하고 아담한 마을에 이른다. 잉글랜드 내륙에서 첫 번째로 밟아보는 시골 마을 샌드위스Sandwith다. 적색과 흰색의 단층집들이 줄지어 섰지만 사람들 모습은 별반 눈에 띄지 않는다. 도로와 주택 사이사이로 푸른 잔디가 유독 넓게 펴져 있다. 빈 벤치도 드문드문 눈에 띈다. 팀스 씨 부부가 먼저 벤치 하나를 잡아 배낭을 내려놓고 나 또한 그 옆에 자리를 잡았다. 아침 8시 반에 숙소를 나선 지 두 시간 반 만의 휴식이다. 달콤하지 않을 수 없다.

"미스터 리, 이렇게 멀리 떠나와 있으면 가족들이 걱정 많겠어요."

아내분이 물어왔다.

"걱정은 별로 안 하는 것 같습니다. 단련이 많이 되어 있을 거예요."

"와이프가 함께 오겠다고 하지는 않았나요?"

"일주일은 함께 걸을 수 있는데 그 이상은 아내에게 무리랍니다."

"그렇군요. 나도 남편 따라 3일 이상은 걷기 힘들어요."

"잘 걸으시던데요. 두 분이 너무 빨라서 제가 따라오느라 힘들었습니다."

숲과 들판, 밭과 밭을 가로질러 길 없는 길을 찾아가다 내륙 두 번째 마을 클리터Cleator를 지난다. 한적하지만 정겹던 샌드위스에 비하면 규모는 커 보이지만 왠지 모를 썰렁함이 마을을 감싸고 있다. 주변에 철광석 탄광이 개발되어 인부들이 몰려들면서 한때 대단한 번영의 시절도 있었다고 한다. 한 세기가 넘는 오래전 일이고 지금은 당시의 건물들이 퇴물처럼 버티고 선 채 하릴없이 옛 추억만 반추하고 있다.

마을을 관통하는 에헨 강River Ehen, 물살이 점잖은 이 강을 가로지르는 블랙하우 다리Blackhow Bridge를 건너면 오늘의 목적지까지 8킬로미터가 남는다. 그다지 높지는 않지만 산을 넘어야 하는, 오늘의 하이라이트 구간이다. 영국 아니랄까 때맞춰 비까지 내려준다. 아까부터의 가랑비가 슬슬 굵직하게 변하다가는 이제 본격적으로 쏟아붓기 시작이다. 아침부터 잔뜩 흐리긴 했지만 선선하고 좋았던 날씨였다. 부부는 영국인답게 이깟 비쯤이야 별거 아니라는 표정이다.

등산로 입구에서 우리 셋은 모두 우비를 꺼내 완전무장을 했다. 카메라는 물론 수시로 대조해보는 종이 지도까지 비에 젖지 않도록 배낭 깊숙이 쑤셔 넣었다. 이제 내가 할 수 있는 일은 오로지 팀스 씨 뒤꽁무니만 졸졸 따라 올라가는 것이다. 빗속에서 넘어야 할 산은 '덴트펠Dent Fell' 또는 '덴트힐Dent Hill'이라 불리는 곳이다. 영국에서는 이런 야트막한 산을 '언덕' 정도의 의미인 '펠fell'이라 부른다. 해발 300미터가 안 되는 서울의 아차산도 엄연히 '산'이라 불러주는 우리의 관대한 기준으로는, 해발 353미터의 덴트펠은 언덕이 아닌 산이라 불러도 좋을 듯하다.

앞으로 2주 동안 해발 300미터에서 1,000미터 사이의 산악 지형을 거의 매일 한두 번씩 넘어야 할 것이다. 오늘 덴트펠은 그 첫 번째 만남이다. 나이도 나보다 많은 팀스 씨 부부는 이미 저만치 앞서 오르고 있다. 12킬로그램의 배낭 무게만 아니면 저 부부보다 뒤처질 이유가 없는데 그 이상으로 내가 힘을 못 쓰는 기분이다. 거의 5시간을 줄곧 걸어온 터에 굵어진 빗줄기까지 보태어져 발걸음은 천근만근이다.

먼저 도착한 부부의 응원을 받으며 겨우 정상에 올라섰다. 우비를 벗을 수도, 배낭을 내릴 수도 없는 상황이라 주변의 돌무덤 위에 털썩 주저앉았다. 조금 전 지나왔던 클리터 마을이 서리 낀 유리창을 통해 보이듯 뿌옇게 펼쳐져 있다. 거세게 몰아치는 비와 안개

속에서 담담한 수묵화 한 폭을 내려다보고 있다.

종착지인 에너데일 브리지까지 내려오는 데는 한 시간이면 충분했을 텐데, 도중에 길을 잘못 들어 헤매는 바람에 한 시간이 더 걸렸다. 정상 부근에서 세찬 바람과 비 때문에 팀스 씨가 지도 보기를 잠시 소홀히 한 모양이다. 나는 그저 뒤만 따랐다. 평지로 거의 내려온 다음에 그가 고개를 갸웃거리며 심각한 표정으로 멈춰 섰다. 방향은 비슷한데 다른 길로 내려왔다는 결론이었다. 지도를 보며 부부가 한참 의견을 나누다 GPS에 의존해 다시 방향을 잡아나간다.

갈림길이 나타나 망설이기를 반복하면서 한 시간을 더 헤맨 후에야 비로소 지도 속 맞는 길로 들어섰다. 멈추어 서로 의견을 나누다 남편이 결론을 낼 즈음엔 아내분이 꼭 나에게도 의견을 물어준다.

"미스터 리, 당신 생각은 어때요?"

내 대답은 늘 같았다.

"미안해요. 저는 잘 모르겠어요."

만약 나 혼자였다면 비오는 산속에서 얼마나 헤매었을까 생각하면 아찔해진다. 가이드북의 상세 지도만 믿고 GPS도 없이 왔다는 게 후회가 되기 시작한다. 내일부터가 은근히 걱정이다.

에너데일 브리지에서 부부와 헤어졌다. 숙소가 서로 다르기 때문이다. 부부는 다리 근처 숙소에 예약되어 있었고, 나는 2킬로미터 떨어진 곳이라 숙소 주인이 픽업 나오기로 약속되어 있었다. 인근에 보이는 한 호텔로 들어갔다. 1층 레스토랑에 자리를 잡고 늦은 점심을 시키며, 예약된 숙소로 전화를 부탁했다. 늘 있는 일인 듯 카운터의 웨이트리스는 친절하게 수화기를 들어준다. 40분 후 픽업 차량이 도착한다는 말에 안도하며 먼저 나온 생맥주 한 잔을 쭉 들이킨다. 벌써 오후 4시 반이나 되었다. 아침에 숙소를 나선지 8시간 만이다.

바지 주머니에서 조약돌 하나를 만지작거리다 탁자에 올려놓았다. 세인트비스 해변을 떠날 때 몇 개 주웠다며 팀스 씨가 방금 전 헤어질 때 선물로 쥐어준 것이다. 볼펜을 꺼내어 매끄러운 조약돌에 'TIMS'라고 썼다. 소중한 보물처럼 흰 종이에 싸서 배낭 깊숙이 집어넣었다. 이 길을 걷는 사람들은 첫날 세인트비스 해안에서 조약돌 하나를 주워 간직해둔다고 한다. 그리고 마지막 날 로빈후즈베이 앞바다에 멀리 던진다는 것이다. 그의 마지막 말이 든든한 버팀목이 되어 묵직하게 가슴에 남는다.

"미스터 리, 이 조약돌이 당신을 저 멀리 로빈후즈베이까지 안전하게 데려다줄 겁니다."

경로 Saint Bees → South Head → Fleswick Bay → North Head → Sandwith → Moor Row → Cleator → Dent Fell → Nannycatch Gate → Stone Circle → Ennerdale Bridge

총거리 23.3km **최고 고도** 353m **최저 고도** 0m

Day 2

로스웨이트

Rosthwaite

에너데일 브리지에서 30분 정도 걸으면 에너데일 호수에 이른다. 직선 거리 4km의 호숫가 남쪽 길을 지나면 잠시 후 캠핑장이 나타나는데, 이 지점에서 길이 두 갈래로 나뉜다. 왼쪽 길은 레드파이크(Red Pike) 산을 넘는 '하이레벨 루트'이고, 오른쪽 길은 편안하게 직선 코스로 가는 '오리지널 루트'다. 나는 오리지널 루트를 올랐다. 길찾기와 체력에 자신이 있다면 하이레벨 루트에 도전해보는 것도 좋겠다(해발 800m가량).

"로빈후즈베이까지 며칠을 계획하고 있는가?"

"15일 동안 걷는다. 당신들은?"

"내일까지만 걷고 돌아간다. 내년 여름휴가 때 다시 온다."

오늘 하루를 함께 걸을 수 있는 동행이 옆에 있다는 게 일단은 마음이 놓인다. 어제 팀스 씨 부부를 따라 걸으면서 혼자 길 찾기가 만만치 않음을 알아서였다. GPS 없이 지도에만 의존해 걷기에는 그리 녹록치 않은 길임을 뒤늦게 깨달은 것이다.

숙소인 스톡 호텔Stork Hotel에서 아침식사 중에 두 사람과 인사를 나눴다. 동행이 아쉬운 내 쪽에서 먼저 말을 걸었다. 런던에서 온 밥 험프리 씨와 사이먼 씨, 직장 선후배 사이인 그들은 내일 그래스미어까지만 걷고 직장 때문에 돌아간다고 했다. 그리고 내년 여름 휴가 때 다시 그래스미어에서 시작해 3일 걷는 식으로 5년에 걸쳐 CTC를 종주한다는 것이다. 일에 소홀하지 않으려는 마음가짐과 여행을 향한 애정이 동시에 느껴지는 계획이다. 멋지지 않은가?

직장 다니던 시절, 나는 매주 주말마다 백두대간을 걸어 일 년 만에 대간 종주를 마치는 이들을 부러워하곤 했다. 한창 공부해야 할 사춘기 아들을 데리고 대간 종주를 마치는 후배도 있었다. 매 주말마다 꼬박꼬박 무언가를 일 년 동안 한다는 건 끈질긴 집념 없이는 결코 이룰 수 없는 목표다. 그들에게도 주말이란 다가올 한 주를 위해 안락한 휴식을 취해야 할 시간일 텐데, 그런 소중한 휴식 시간을 반납하고 뭔가 의미 있는 목표에 매진하는 그들의 에너지에 그저 감탄만 하던 나였다. 그 시절 내가 조금만 더 활동적이었더라면 좋았을걸, 지금에야 느끼는 아쉬움이다.

아침식사를 마치고 숙소 주인이 어제 나를 픽업했던 에너데일 브리지로 우리 셋을 태워다주었다. 울창한 숲속 다리 밑으로 에헨 강이 흐른다. 우람한 시골 황소처럼 소박하지만 묵직하여 무엇이든 어디로든 다 실어 나를 흐름이다. 에헨 강의 발원지인 에너데일 워터Ennerdale Water까지는 길 양쪽으로 수풀이 우거진 일차선 도로를 따라 30분이 걸렸다. 삼면이 높은 산으로 둘러싸인, 영국에서 처음 만나는 잉글랜드 호수다. 아이리시 해안을 떠나온 게 고작 어제 아침인데 한 달 만에 드넓은 바다를 만난 기분이다. 가슴이 탁 트이며 잔잔한 호수에서 시원한 파도를 느꼈다.

CTC 횡단길의 대부분은 세 개의 국립공원을 지나는 여정이다. 우리나라에 21개의 국립공원이 있듯이 영국에는 14개의 국립공원이 있다. 설악산, 지리산, 한라산 국립공원들처럼 그만한 가치가 있는 지역들만 선정해 국가 차원에서 관리하고 있다. 잉글랜드 북부이면서 브리튼 섬의 허리 역할을 하는 이 횡단 지역은 레이크 디스트릭트, 요크셔 데일스, 노스요크무어스, 이들 세 개의 국립공원이 연이어 이어지며 거의 전 면적을 차지한다.

4일간 걸어 지나는 이 레이크 디스트릭트는 이름 그대로 호수lake가 많은 지역이다. 야트막한 산과 황야moor들이 크고 작은 호수를 감싸며 곳곳에 새끼 호수tarn들이 조화롭게 널려 있다. 19세기의 영국을 가장 많이 간직하고 있는 지역으로 정평이 나 있다. 여행 가이드북 《론리플래닛》은 이곳을 일컬어 이렇게 표현했다.

잉글랜드에서 걷기의 심장과 영혼이라 불릴 만한 곳이 있다면, 그곳은 바로 레이크 디스트릭트다.

If anywhere is the heart and soul of walking in England, it's the Lake District.

영국 도보여행의 성지로까지 일컬어지는 레이크 디스트릭트에서 첫 번째로 만나는 호수인 에너데일 워터는 가로 4킬로미터에 폭이 1.5킬로미터 정도로 넓지만 이 광활한 국립공원 안에서는 조그마한 호수들 중 하나에 불과하다.

호숫가 옆으로 좁은 오솔길이 이어져 있다. 남쪽으로는 보라색 야생화가 만발한 급경사의 산자락이다. 사진으로 익히 봐둔 꽃이지만, 혹시나 하는 마음에 물어보았다.

"사이먼, 이 꽃들 이름을 아는가?"

"'헤더'라고 한다. 이 지방에서는 유명하다. 앞으로 아주 많이 볼 것이다."

"색깔이 참 예쁘다. 산자락에 이리 널려 있어서 꽃이라기보다는 잡초들 같다."

"꽃이 맞다. 야생화다."

"이 꽃을 '히스Heath'라고도 부르는가?"

"그렇다. 헤더라고도 부르고, 히스라고도 부른다. 차이는 좀 있을 텐데 거기까진 잘 모르겠다."

이 길을 먼저 다녀온 송 선배가 8월 하순으로 여행 일정을 추천해준 대로 맞춰 오길 잘했다. 이왕이면 헤더꽃이 만발하는 절정의 시기에 가는 게 좋다는 조언이었다. 로빈후즈베이까지 가는 동안 내 앞에 펼쳐질 산과 들에서 얼마나 많은 헤더꽃들이 만발해 있을지…….

호숫가에 흐드러지게 핀 헤더꽃. 8월이면 헤더꽃이 만발한 절경을 볼 수 있다.

헤더 가득한 꽃밭 옆에 다섯 명의 남녀가 모여 쉬고 있다. 다가가는 우리 셋을 보고는 오랜 친구를 맞는 것처럼 반갑게 손을 흔들어준다. 앞서 가던 험프리 씨가 역시 옛 친구를 만난 듯 그들과 인사하곤 무슨 말인가를 나누고 있다. 사이먼을 소개하는 듯했고, 이어서 도착한 나를 소개한 모양이다. 영국인 틈에 낀 동양인 한 명이 그들의 호기심을 자극했을 것이다. 나를 '코리안'이라고 소개했는가 보다. 그들 중 한 명이 나를 향해 "노스North? 사우스South?" 하고 물어온다. 이런 질문을 받는 게 영국 와서 벌써 열 번 가까이 되는 것 같다. 내 머릿속에는 '코리아'라면 대한민국뿐인데 영국인들에겐 남한과 북한, 두 개의 코리아가 있는 모양이다. 그동안 했던 대답들을 떠올리며 똑같이 말해줬다. "북한 사람들은 이런 자유 해외여행이 불가능하다"라고 설명하면 다들 대충은 알고 있는 사실이라는 듯 고개를 끄덕인다.

초면인 험프리 씨와 금세 소통하는 걸로 보아 영국인들일 거라 생각했는데 캐나다에서 온 여행객들이었다. CTC 전체를 걷는 게 아니고 이곳 레이크 디스트릭트만 5일간 걷고 스코틀랜드로 올라갈 예정이라고 한다. 서로의 여정에 대한 이야기를 주고받으며 잠시 쉬다가 모두 함께 일어섰다.

에너데일 워터의 물은 에헨 강으로 흘러 나가고, 그 빈 수위는 다시 리자 강River Liza을 통해서 채워진다. 새로운 흐름이 유입되면서, 고였던 낡은 물은 썩기 전에 밀려 나가는 것이다. 대지의 어느 하나도 세상의 이치와 달리 가는 게 없다.

호수가 끝나면서 리자 강을 따라 울창한 숲길이 이어진다. 방금까지의 울퉁불퉁했던 호숫가 좁은 길에서처럼 발걸음 하나하나를 조심할 필요는 없어졌다. 이런 편한 길에서는 자연스레 대화가 많아지는 법이다. 모두 여덟 명이 된 무리가 앞서거니 뒤서거니 왁자지껄 소란스럽다. 외국인과 단둘의 대화는 어떻게 좀 이어갈 수 있겠는데 이런 식의 여러 명 대화에는 도무지 끼어들 틈을 못 찾겠다. 대화의 속도도 그렇고 억양이나 발음도 유럽 영화의 영어 대사를 들을 때처럼 귀가 먹통이 된다. 그저 알아듣는 척 밝은 표정으로 고개를 끄덕여줄 수밖에.

길이 서서히 오르막으로 변한다. 지도에 표기된 바로는, 한참 전에 지난 에너데일 워터의 해발은 113미터, 지금 오르는 그레이 노츠Grey Knotts 산 정상은 697미터로 거의 600미터 고도 차이다. 한라산 어리목에서 백록담까지의 고도 차이가 1,000미터인 것과 비교해보면 단숨에 오르기에 그리 만만치는 않겠다. 숲길이 끝나면서 눈앞 삼면을 가로막는 산 아래에 조그만 집 한 채가 덩그러니 앉아 있다. 정말 한 폭의 그림과 같다.

그러나 막상 다가가보니 조그만 집이 아니었다. '블랙세일Black Sail'이라는 이름의 호스텔 겸 휴게소다. 이곳을 걷는 이들은 숙박과 관계없이 거의 모두가 잠시 들러 쉬었다 가는 모양이다. 저 높은 언덕, 아니 산을 넘기 위해 숨 고르기를 해야 하리라. 마침 점심 먹을 시간도 되었다. 각자 배낭에 준비해둔 먹거리로 간단한 점심을 먹었다. 더 쉬었다 간다는 캐나다인들은 놔두고 우리 셋은 먼저 휴게소를 나섰다.

정상까지는 한 시간 반이 소요되었다. 등산길은 역시 명확치 않았다. 종이 지도와 GPS에 의존해서 부지런히 지형지물을 비교해 가며 눈치껏 찾아 올라가야 했다. 험프리와 사이먼이 길을 찾아 앞장을 섰고, 나는 한참 뒤에서 열심히 카메라 셔터를 누르며 그들을 따랐다.

힘든 건 급경사가 아니라 질퍽함이었다. 비가 워낙 자주 와서 그런지 겉보기엔 푸르른 초원이 실상은 온통 습지투성이다. 발목 이상까지 잠기는 일이 잦다 보니 방수 등산화를 신은 의미가 없어졌다. 신발 안이 질펀해지는 일에 익숙해지는 게 속 편했다.

정상은 넓고 광활했다. 방금 떠나온 아래쪽 골짜기에서 저 멀리 보이지 않는 동쪽 골짜기까지 녹색의 솜이불을 깔아놓은 풍광이다. 그레이노츠 산 정상을 넘는 게 아니고 정상 바로 아래를 돌아 내려가는 거였다. 습지에 발목까지 잠기고 등산화에 물이 들어찬 것쯤은 이젠 신경이 안 쓰였다. 사방에 확 트인 시원한 정경이 눈과 온 신경세포를 자극시켰다.

경사가 심한 크고 작은 산들이 도심 속 빌딩처럼 수직으로 솟아 있고, 그 사이사이로 크고 작은 호수들이 앉아 있다. 에너데일 워터도 그들 중 하나다. 우리가 걸어온 길이 가늘고 길게 굽이친 전체 모습으로 시야 가득 들어온다. 이곳저곳 능선과 능선, 골짜기와 계곡 사이로 이어진 수많은 길들이 동화 속 철길 위 기차처럼 누군가를 싣고 흐르는 듯 보였다.

횡단 길의 첫 번째 국립공원인 레이크 디스트릭트의 맨 첫 번째 호수를 지났고, 첫 번째 산의 정상에 사뿐히 섰다가 완만한 내리막 능선을 따라 평원을 가로질렀다. 평원이 끝나는 곳에서부터 평지까지의 하산길은 상당한 급경사였다. 갑자기 깎아지른 내리막 중턱으로 개미만 한 건물과 차량과 사람들이 시야에 어른거린다. 광산이자 채석장인 동시에 관광지까지 겸하는 호니스터 광산Honister Slate Mine이다.

4억 년 전 이 일대에 대규모 화산 폭발이 있었다. 화산재가 빗물과 결합해 오랜 세월 압축 상태로 눌려졌다. 수억 년 세월이 흐르며 화산재는 슬레이트slate(점판암)라는 단단한 미립자 광물로 변했다. 만 년 전 마지막 빙하기에 이르러 이 지역의 빙하 일부가 떨어져 나갔다. 그리하여 가파른 계곡이 만들어졌고, 그 계곡을 따라 기다란 광맥이 노출되었다.

이곳에서 채석이 시작된 건 로마 시대로, 18세기 초반까지 대규모 채석이 이루어졌다고 한다. 이후 이곳 호니스터 광산은 사양길을 걷다가 1980년대에 문을 닫았다. 그러나 1997년부터 소규모로 채석이 이루어지며 관광 명소로도 부각되고 있는 모양이다. 주변에 널려 있는 슬레이트 조각들과 과거 돌을 운반하던 가파른 도

호니스터 광산마을. 역사가 로마시대로 거슬러 올라간다. 광산은 문을 닫았지만 관광객들이 찾는 명소가 됐다.

로, 작업자들이 묵었다는 돌먼지 뒤집어쓴 개조된 건물들이 이 채석장의 오랜 역사를 넌지시 보여주고 있다.

광산을 지나 한참을 더 내려온 후에야 비로소 평지의 첫 마을 시톨러Seatoller에 접어들었다. 마을 초입에 있는 카페 시톨러팜, 사진으로 여러 번 봤던 예쁜 외관은 그대로다. 잠깐 들러서 차 한잔 마시고 갈까 하다가 그냥 지나쳤다. 벌써 오후 5시 반이다. 예약된 유스호스텔로 찾아가는 게 우선이었다.

밥과 사이먼의 숙소 앞에서 서로의 이메일 주소를 주고받고는 작별 인사를 나눴다. 두 영국인이 아니었다면 나는 오늘도 분명 어디선가 한두 시간쯤 길을 잃고 헤매었을 것이다. 그들은 나에게 남은 13일 동안 무사히 횡단하도록 건투를 빌어줬고, 나는 그들에게 앞으로 5년 동안 건투를 빈다고 말해주며 헤어졌다. 15분 더 걸어 다음 마을 롱스웨이트Longthwaite에 있는 숙소로 찾아가는 건 어렵지 않았다.

나보다 앞서 걷던 사람들이 모조리 여기로 모인 듯 유스호스텔 카운터는 북적거렸다. 트레커들과 사이클족, 자가 운전 여행객들이 두루두루 섞인 듯했다. 20분 대기하다 체크인하고 배정된 방으로 올라가 10개 침대 중 하나에 배낭을 풀었다. 바로 옆 침대에는 나보다 한참 앞서 들어온 트레커인지, 풀어헤쳐진 배낭 물품들을 가지런히 정돈한 채 벌써 드르렁드르렁 곯아떨어져 있었다.

신문지를 잔뜩 구해 신발 속에 꾹꾹 한 치의 틈도 없이 채워 넣었다. 이 구겨진 신문지들은 밤새 신발 속 습기와 향기를 잔뜩 머금어 내일 아침이면 축축하고 퀴퀴해질 것이다. 샤워실로 달려가 대충 씻고 냄새나는 양말도 훌훌 빨아 침대 모서리에 널고 나니 오늘 일은 다 끝난 느낌이다. 얼른 내려가서 생맥주 한잔 마시는 것이 지금으로선 제일 급하고 중요한 일인 것 같다. 그러고 나면 체크인할 때 주문해둔 식사가 나올 것이고, 식사를 마치면 넓은 휴게실에 다

시톨러팜. 사진에서 본 그대로 예쁜 외관이다.

리 쭉 뻗고 앉아 마냥 노는 일만 남았다. 밤 10시까지 남은 세 시간, 어제도 그랬듯 하루 중 가장 편안한 시간이 될 것이다.

경로 Ennerdale Bridge → YHA Ennerdale → YHA Black Sail → Grey Knotts → YHA Honister Hause → Seatoller → Rosthwaite
총거리 24.2km **최고 고도** 595m **최저 고도** 80m

Day 3

랭데일 골짜기

Langdale

유일하게 길을 잘못 들어 차량을 이용한 코스다. 작은 시냇물 '스톤스웨이트 벡(Stonethwaite Beck)'을 오른쪽에 두고 따라 걷다가 끝나는 지점에서 길을 잘못 들 수 있으니 주의해야 한다. 바로 이어지는 자그마한 계곡인 '그린업 길(Green up Gill)'을 따라 정상인 그린업 엣지 패스(Greenup Edge Pass)에 오른 후 그래스미어로 내려와야 한다.

"너무 무모하다. 영국인이라면 계획을 그렇게 짜지는 않는다."

어제 오후 하산 때, 오늘의 내 일정을 들은 사이먼이 걱정스런 표정으로 했던 말이다. 옆에 걷던 밥도 같은 생각이라며 고개를 끄덕였다. 자신들은 산 넘어 다음 마을 그래스미어까지가 목표인데, 나는 산 하나를 더 넘어 패터데일Patterdale까지 하루에 간다니 의아하다는 것이다. "총거리 28킬로미터밖에 안 되는데, 예전에는 하루 40킬로미터까지도 잘 걸었다"는 은근한 자랑질로 내 자신감을 보여줬다. 그러나 사이먼은 거리가 문제가 아니라 산을 두 개나 넘는 게 쉽지 않을 거라고 우려하며 말했다.

사이먼의 말이 찜찜하긴 하지만 이제 어쩔 도리가 없다. 내가 용감해서 도전적인 계획을 짠 게 아니었다. 두 달 전 숙소를 예약하면서, 산이 있고 없고는 보지 않고 총거리만 감안해 계획을 짠 것이다. 무모하리라고는 생각지도 못했는데, 사이먼 말을 듣고 보니 현지 정황을 고려하지 못한 것 같다. 하지만 하루 일정이 늘어지면 이후의 일정이 연쇄적으로 늘어진다. 가다가 날 저물면 차를 타고 가든지, 어떻게 해서든 그날그날 예약된 숙소까지 가야 한다.

그나저나 엊저녁 와인을 좀 덜 마셨어야 했다. 휴게실 분위기가 너무 편안해서 한 잔 더, 한 잔만 더 하다가 꽤나 마셔댔는가 보다. 여행에서의 과음은 다음 날 반드시 대가가 따른다. 잘 알면서도 어쩌다 방심할 때가 문제다. 모처럼의 방심 덕에 늦잠을 잤고, 자석 같은 침대에서 간신히 몸을 일으켰다. 출발도 한 시간 늦어졌다.

9시 반이 되어서야 유스호스텔을 나왔다. 길에 배낭 맨 사람은 그림자도 보이지 않았다. 그래스미어까지 15킬로미터, 아무리 산을 넘는다 해도 오후 2시면 도착하리라. 한 시간 점심 먹고 출발하면 패터데일까지 13킬로미터, 늦어도 8시까지는 도착할 수 있지 않을까? 무모할지도 모르지만 서두르다 보면 어떻게든 될 것이라는 생각이 들었다.

갈 길이 멀고 혼자이다 보니 느긋함은 사라지고 시작부터 마음이 조급해졌다. 지도와 지형을 수시로 대조해보면서 나도 모르게 걸음 속도가 빨라졌다. 순간의 부주의 때문인지 아차 하는 사이 돌부리에 걸렸고, 중심을 잃으며 넘어졌다. 길옆 개울에 오른쪽 정강이가 푹 빠졌다. 급할수록 돌아가야 한다는데 무심결에 서두른 탓이다. 물가 바위에 앉아 무릎 상처 부위를 문지르며 연고를 바르고 밴드를 붙이고 한참을 쉰 후에야 다시 일어설 수 있었다.

엎친 데 덮친 격으로 어느 순간부터 지도와 실제 지형이 아무리 비교해봐도 긴가민가해졌다. 지도에 표기된 대로 계속 강물을 따라왔는데도 주변 다른 지형들이 지도와 잘 맞지 않는 것 같았다.

가이드북에 있는 지도는 총 95페이지다. 코스가 15개니까 코스 하나당 예닐곱 장의 지도가 있는 셈이고, 한 장은 평균 3킬로미터 거리를 커버하는 수준이다. 이 정도라면 꽤나 상세한 지도라 믿고 의지해왔는데, 어제와 그제에 이어 오늘도 중간중간 지도의 한계가 분명하게 엿보인다. 확실치 않은 길이나 두 갈래, 세 갈래 길이 자주 나타나면서 점점 혼란스러워졌다. 나침반으로 방향을 잡고 가다가 다시 돌아와 헤매곤 했다. 지난 이틀간은 누군가의 도움을 받아 따라갔지만 오늘 아직까지는 처음으로 나 혼자만의 길이다.

작은 개울을 따라 습지가 이어졌다. 지도에 의하면 지금쯤 산 오르막으로 올라갈 때가 되었는데, 길은 계속 개울 따라 평지로만 안내를 한다. 지도와 실제 지형이 전혀 맞지가 않다. 어디서부턴가 길을 잘못 들었다는 생각과 뭔가 어긋났다는 확신이 동시에 밀려왔다.

저 멀리 오르막 산길에 빨강 배낭을 맨 트레커 한 사람이 시야에 들어왔다. 뒤쪽에서 나를 따라오는 트레커는 전혀 없다. 어찌 보면 되돌아가서 바른 길을 찾아들어야 맞겠지만, 온 길을 다시 돌아가는 일은 영 내키지가 않는다. 지금 내가 할 수 있는 건 뻔했다. 어디에서 어떻게 어긋났는지 돌아가 확인하고 바른 길로 찾아드는 것보다는 내 앞에 난 길을 따라 그냥 직진하는 게 속 편했다. 지나온 길이 너무 멀었을뿐더러, 뒤돌아 어디까지 가야 할지 막연하고 감도 전혀 안 잡혔기 때문이다.

저 멀리 정상 가까이에 다다른 빨강 배낭을 따라잡는 게 낫겠다는 생각에 조금 더 빨리 걸음을 옮겼다. 산 정상에서 원래의 코스와 만날 가능성도 있을 것이다. 산길이 왼쪽으로 꺾이면서 오르막 경사도 급해졌다. 따라잡아야 한다는 생각에 한참을 허둥지둥 달리다 만난 오르막, 숨이 턱턱 막혀왔다. 나도 모르는 새 걸음이 멈춰졌고 배낭을 내려놓으며 주저앉았다. 잠깐만 쉬면서 마음의 여유를 되찾기로 했다. 배낭을 베개 삼아 큰대자로 누우니 엘리베이터 문마냥 스르르 눈이 감겨온다. 아주 잠깐 눈 붙였다고 생각했는데 일어나보니 30분이 지나 있다. 벌떡 일어나 배낭을 둘러맸지만 앞서 가던 빨강 배낭은 이미 시야에서 사라졌다.

비가 안 와서 그나마 다행이었다. 이런 산중에 혼자인 상황에서 비라도 만나는 날이면 그야말로 낭패이리라. 산은 산이되 우거진 숲 따윈 없고 사방이 녹색의 초원인 점도 다행이었다. 시야가 탁 트여 실종의 위험은 없을 거라 스스로 위안하며 꾸역꾸역 다시 정상을 향해 올랐다. 드디어 맞은편에서 남녀 등산객 한 쌍이 나타났다. 구세주나 다름없었다.

"안녕, 길을 잃었다. '코스트 투 코스트 워크'가 어느 쪽인가?"

"저런! 오른쪽 보이는 저기 그린업에지Green Up Edge 산으로 올랐어야 했다."

"그럼 이 길은 어디로 향하는가?"

"이 길은 컴브리아웨이Cumbria Way라는 다른 길이다."

"어떻게 해야 하나?"

"우리를 따라 다시 내려가면 된다. 한 시간쯤 같이 내려가면 바른 길을 만날 수 있다."

"이 길로 올라가면 서로 만나는 지점이 없나?"

"없다. 너무 멀리 지나왔다."

"오케이. 이 길로 그래스미어까지는 어떻게 갈 수 있나?"

"걸어서 가기엔 너무 멀다. 랭데일 골짜기로 하산한 뒤 거기서 콜택시를 부르는 게 좋다."

이어서, 정상에서 랭데일 골짜기로 하산하는 길을 설명 들었지만 영국식 영어는 역시 나에겐 너무 어려웠다. 단편적인 질문에 대한 간단한 대답은 알아듣겠는데 설명이 길어지면 나의 영어 귀는 거의 먹통이 된다. 지도를 가리키며 성의껏 설명해주는 남자에게 잘 못 들었다고 되묻기는 너무 미안한 일이다.

'langdale'은 기다란 계곡이란 뜻이다. 하늘의 도움으로 뉴질랜드에서 온 형제 배낭객을 만나 길을 찾을 수 있었다.

20분 뒤 정상에 도착했다. 정상이라기보다는 해발 600미터의 드넓은 평원이다. 랭데일 골짜기 방향으로 시원하게 트여 있지만, 정작 내려가는 길목은 눈에 들어오질 않는다. 남자가 좀 전에 그리 정성껏 설명해주었는데 이미 머릿속은 텅 비어 있었다.

사방으로 내려다보이는 정경에 압도되고 아직은 이 넓은 고지대 초원에 그 누구도 보이진 않았지만 어쩐 일인지 걱정은 되지 않았다. 하늘은 비구름 하나 없이 화창했고 바람은 시원했다. 이런 좋은 날씨에, 이런 좋은 곳에, 혼자라고 무슨 일 따위가 일어날 수가 있겠는가. 다른 등산객들이 지나가지 않을 리 없다. 아직 오후 1시가 못 된 시간이라 그다지 늦지도 않았다.

아침에 세운 계획대로라면 벌써 그래스미어에 도착해 점심을 먹고 있어야 할 시간이었다. 착오라면 그저, 숙소인 패터데일까지 가는 오후 일부 구간을 차량을 이용해야 한다는 것뿐이다. 지금 상황에서 그게 무슨 대수랴. 높고 평평한 바위 위에 올라, 배낭 내리고 아무 생각 없이 드러누웠다. 시원한 바람에 땀은 이미 다 말랐고, 따뜻한 햇살이 온몸으로 내리쬐면서 긴장이 풀리고 피로가 한꺼번에 몰려온다. 누군가 꼭 지나갈 것이다. 감실감실 잠겨오는 눈꺼풀을 이겨낼 재간도 없었고, 그저 편안하고 기분이 좋아졌다.

얼마나 잠들었을까. 한라산 백록담에 오른 듯, 동네 뒷산을 걷는 듯, 이리저리 꿈속을 헤매다 무슨 소린가에 눈이 뜨였다. '여기가 어디?' 잠시 멍 때리는 사이, 바위 아래 멀리에서 사람 목소리가 들려온다. 잠결에 나를 깨운 그 목소리인가 보다. 화들짝 일어섰다. 500미터쯤 떨어진 곳에서 웃통을 벗어젖힌 남성이 기운차게 걸어오고 있다. 그로부터 100여 미터 떨어진 곳에서 또 한 명의 남성이 그 뒤를 따르고 있다. 나도 모르게 두 팔을 흔들며 소리를 질렀다.

"헬프 미!"

망망대해에 조난된 사람의 심정이 이럴까. 그들이 곧 알아보곤 마주 손을 흔들며 다가온다. 이윽고 별로 대수롭지 않다는 표정으로 가까이 다가왔다.

"헬로, 무슨 문제가 있나?"

"랭데일 골짜기로 내려가는 길을 못 찾고 있다."

"우리가 안다. 우리도 랭데일로 내려갈 거다. 좀 쉬었다가 함께 가자."

배낭에서 얼른 한국산 초콜릿과 견과류를 꺼내어 바위 위에 펼쳤다. 뉴질랜드에서 여행을 왔다고 한다. 웃통을 벗었다 도로 입은 젊은이가 동생, 뒤따라온 이가 형이란다. 친형제끼리 해외 배낭여행이라니, 보기 좋은 모습이다. 런던에서 차를 렌트하여 한 달간 영국 전역을 도는 중이란다. 랭데일에 차를 세워두고 네 시간가량 컴브리아웨이 루트를 따라 등산하는 길이라 했다.

산행 치고는 단출한 차림이지만 정밀 지도와 GPS로 무장되어 있어, 어느 낯선 곳에서건 길 찾는 일에는 대단한 내공을 쌓은 듯 보인다. 밀퍼드Milford와 마운트쿡Mount Cook 트레킹으로 화제를 돌려 뉴질랜드 여행 이야기를 더 나눴다. 차가 마침 랭데일에 있다고 하니, 하산 후 분위기 보며 그래스미어까지 태워달라 부탁하면 들어줄 것 같다.

무성한 잡초들 때문에 하산길 시작 포인트를 찾아내는 데 한참 시간이 걸리고 애를 먹었다. 형제가 GPS를 들여다보며 계속 뭐라고 상의를 하다가 겨우 방향을 잡은 모양이다. 동생이 앞서고 형이 뒤따른다. 나도 조금 뒤에 떨어져 그들을 따랐다. 잠시 후 길 형태가 뚜렷해졌다. 멀리 랭데일까지 이어질 법한 하산길이 골짜기의 조그만 강을 따라 기다란 뱀처럼 끝없이 뻗어 있다. 랭데일, 이름 그대로 10여 킬로미터나 구불구불 이어지는 '기다란lang(=long) 계곡dale'이 한눈에 펼쳐져 장관을 연출하고 있다.

평지까지는 한 시간이 걸렸다. 정상에서 이 형제를 만나던 순간부터 이미 긴장은 풀어져 있었다. 내려오는 내내 여유롭게 주변 경관들을 즐길 수 있었다. 내 스스로 판단해 길을 찾아가는 것보단, 누군가를 믿고 그저 따라가기만 하는 상황이 너무도 부담 없고 마음 편했다. 어제, 그제에 이어 오늘도 결국은 나 혼자의 힘이 아닌 누군가의 도움에 의지해 길을 찾아간다.

랭데일 마을로 들어섰다. 멀리 서 있는 노상 카페 입간판에 'Free Beer(맥주 공짜)'라는 글씨가 반가웠다. 그런데 가까이 다가가 보니 'Free Beer'가 아닌 'Free WiFi Great Beer'다. 'WiFi'와 'Great' 두 단어를 껌딱지만 하게 써놓은 주인장의 애교에 웃으며

평화로운 랭데일 마을과 카페 '뉴 던전 가일'.

셋이 카페에 앉았다. 카페 이름은 '뉴 던전 가일New Dungeon Ghyll'. 나는 얼른 카운터로 달려가 형 몫으로는 생맥주, 운전해야 할 동생 몫으로는 레몬주스를 사다가 형제 앞에 대령했다.

형제가 보고 있는 지도는 아주 상세했다. 현재의 우리 위치, 내가 가야 할 그래스미어의 위치 등을 한눈에 알아볼 수 있었다. 그래스미어까지 직선거리로는 가까우나 도로가 없어 앰블사이드Ambleside를 거쳐서 돌아가야 한다고 한다. 30분 정도 걸리겠다고, 나를 그래스미어까지 태워다 주는 것으로 형제간에 결론을 내린 모양이다. 내가 부탁한 것도 아니고 형제의 자발적인 배려였다.

원했던 대로 편안하게 형제의 차를 타고 그래스미어로 향했다. 형제는 나를 내려주고 다시 같은 길로 돌아와 앰블사이드를 거쳐 윈더미어Windermere 호숫가에서 야영할 계획이라 했다. 트렁크 공간이 모자란 건지 내가 앉은 뒷좌석까지 캠핑 장비들로 가득하다. 무질서하게 쌓아놓은 장비 더미에 젊은 그들의 넘치는 에너지가 스며 있음을 알 수 있다.

여행에서 누군가를 만나 그들의 도움을 받는 데에 나는 너무 익숙해져 있는 것 같다. 내가 받는 만큼 나도 누군가에게 도움이 된 적이 있었는지는 곧바로 생각나지 않는다. 어제와 그제 만난 사람들, 그리고 오늘 만난 젊은 형제에 대한 고마움을 잊지 않는다면 나 또한 이번 여행에서 누군가에게 도움으로 기억될 일들이 생겨날지 모르겠다.

경로 Rosthwaite → Stonethwaite → Greenup Edge → Grasmere (길을 잘 못 들어 랭데일 골짜기를 거쳐서 그래스미어로 왔다.)

총거리 15.3km **최고 고도** 605m **최저 고도** 70m

Day 3+

그래스미어

Grasmere

그래스미어는 '워즈워스 수선화 정원', 사라 넬슨(Sarah Nelson)의 '진저브레드 숍(Gingerbread Shop)' 등 관광 명소가 많다. 시간을 할애하여 마을 곳곳을 둘러보는 것이 좋다. 다음 도착지인 패터데일까지 정규 코스인 그리스데일 계곡(Grisedale Valley) 루트 외에 산을 하나 더 넘는 하이레벨 루트가 두 개 더 있다.

저 하늘의 무지개를 바라볼 때면
내 가슴은 뛰노라.
- 윌리엄 워즈워스, 〈무지개〉 중에서

이곳 그래스미어는 '무지개'의 시인, 워즈워스의 마을이다. 영국의 낭만파 시인, 또는 서정 시인으로 우리에게 익숙한 윌리엄 워즈워스는 특히 지금의 기성세대들에겐 젊은 시절의 향수를 자극하

소박하고 아기자기한 마을, 그래스미어.

는 추억의 이름일 것이다. 워즈워스는 이 일대 호수 지방인 레이크 디스트릭트를 가리켜 "인간이 발견한 가장 사랑스러운 땅"이라고 표현했다. 시인이 태어나고 자란 고향이라 그럴 수도 있었겠지만, 영국인들의 레이크 디스트릭트에 대한 애정은 시인의 표현을 넘어서는 모양이다.

여름날 오후 4시의 그래스미어는 호수처럼 평화롭고 놀이공원 꽃밭처럼 아기자기했다. 해발 수백 미터의 야트막한 산들이 병풍처럼 둘러치고, 오래된 벽돌 건물들이 견고한 모습으로 거리를 메우고 있다. 울타리 담벽 옆 여유 있는 땅마다 푸른 잔디가 덮여 있고, 1층과 2층 창문에는 예쁜 꽃과 화분들이 멋스럽게 진열되어 있다. 거리에 늘어선 소박한 색상의 레스토랑과 기념품 가게들, 노천 카페와 커피숍 탁자에는 두셋씩 모여 앉은 사람들이 음료를 마시며 이야기를 나누고 있다. 현지인들보다는 이방인들이 훨씬 많음을 알 수 있다. 워즈워스의 표현에 고개가 끄덕여진다.

마을 복판에는 시인의 정원인 '워즈워스 수선화 가든'이 있다. 수선화를 특히 사랑했던 시인을 기리며 후세 사람들이 조성한 정원이다. 입구의 소박한 돌담부터 울창한 숲을 양옆에 두고 편안한 산책로가 이어진다. 온갖 색깔의 야생화와 꽃나무들, 오랜 세월을 머금은 우직한 고목들이 녹색의 숲을 배경으로 촘촘히 자태를 뽐내고 있다.

워즈워스 가족 묘지로 향하는 화살표 안내표지를 따라가면, 가든에 연결된 세인트 오즈월드 교회의 공동묘지 앞에 이른다. 수많은 묘비들 중 시인 가족의 묘비가 어느 것인지는 여러 사람들이 들이대는 카메라 방향을 보면 알 수 있다. 워즈워스 시인과 아내 메리, 딸 도라, 여동생 도로시가 이곳 교회 묘지에 나란히 함께 묻혀 있다. 엷은 카키색 석판에 워즈워스 부부의 이름과 사망 연도(1850년, 1859년)만이 희미한 글씨로 쓰여 있다. 여동생 도로시 등 여러 다른 묘비들과 다를 것 없는 소박한 모습이다. 묘비 옆에 서 있는 녹색의 철판 앞에서 사람들은 시인을 떠올리는 몇 줄의 안내 글을 읽는다.

시인은 이곳 그래스미어를 “지구상에서 가장 아름다운 곳”으로 묘사했다. (……) 살아생전에 시인이 이 교회 마당에 심었던 여덟 그루의 주목yew tree 중 한 그루 밑에, 시인과 가족들이 함께 영면하고 있다.

묘비가 있는 곳에서 조금 내려오면 정원 쪽으로 조그만 강물이 흐른다. 그 위를 가로지르는 다리와 주변 카페, 그리고 울창한 숲이 한 폭의 정물화를 그려낸다. 이들을 배경으로 넓은 철재 울타리 한가운데에 시인의 시비가 비스듬히 세워져 있다. 시비에는 그의 시 〈수선화The Daffodils〉의 한 대목이 새겨져 있다. 조금 떨어져서 카메라 셔터를 누르는 사람, 시를 보며 무언가를 중얼거리는 사람, 멍하니 서 있는 사람……. 행동은 저마다 달라도 모두의 태도에서 한결같이 시인에 대한 애정과 존경이 엿보인다.

나 구름처럼 외로이 떠돌았네
산골짜기 언덕 위 저 구름처럼
지향 없이 떠돌다 그들을 보았네
한 무리 황금빛 저 수선화들
호숫가 언저리 수목 우거진 그늘
산들바람에 나부끼며 춤추고 있었네

가끔씩 나 홀로 안락의자에 누워

워즈워스와 그의 누이 도로시가 살았던 '도브코티지'.
〈수선화〉, 〈서곡〉 등 많은 시들이 이곳에서 탄생했다.

마음을 비우거나 깊은 상념에 잠길 때면
내 마음 속 두 눈에 그들이 반짝이네
그들은 정녕 내 외로울 때의 환희
그때 내 마음 기쁨으로 가득 차올라
그들 수선화와 어울려 춤을 추네

시인은 얼스워터에서 돌아와 가끔씩 안락의자에 누워, 춤추는 수선화들을 기억하며 환희에 젖곤 했다고 한다. 시 속에 표현된 "안락의자couch"가 시비 주변에 드문드문 놓여 있다. 시인이 어딘가에 앉아 수선화를 생각했을 그 자리에는 각자의 상념에 젖은 사람들이 시인을 대신하고 있거나 시인이 되어 있다.

수선화 가든을 나오면 그래스미어 마을 복판이다. 오래된 주택 건물들 창가에 노랑 빨강 꽃송이들이 아기자기한 화원의 정경을 연출해준다. 노상 카페에 마주 앉은 연인들, 벤치에 앉아 햇살을 즐기는 노부부, 잔디 위를 뛰어노는 아이들, 거리를 두리번거리는 여행객들……. 늦은 오후의 그래스미어 거리는 내가 보아왔던 유럽 소도시의 전형적인 아름다움 그대로다.

뉴질랜드 형제의 차에서 내린 지 한 시간이 흘렀다. 일몰까지는 세 시간의 여유가 있다. 길을 따라 호수 쪽으로 내려가면, 시인이 오랜 세월을 살았던 도브코티지Dove Cottage까지 10여 분 걸린다. 이름하여 '비둘기 오두막', 원래는 선술집이다가 비워졌던 이 집에

시인의 숨결이 고스란히 살아 있는 코티지의 내부.
정원을 향한 창이 싱그러움을 더한다.

워즈워스를 기리는 '수선화 가든.' 수국이 한창이다.

200여 년 전 워즈워스 시인이 여동생 도로시와 함께 들어왔다고 한다. 이후 메리와의 결혼 생활까지 포함해 10여 년을 시와 함께 살았던 공간이다. 시인과 연관되는 많은 유품들이 실물 그대로 보존되어 있다.

위대한 시인이 수많은 시를 창작했던 전성기 시절의 공간 치고는 꽤나 소박했다. 1층 응접실에서는 워즈워스가 살던 시절에는 창밖으로 호수가 보였다고 하지만, 지금은 건물에 가려 보이지 않는다. 대신 정원으로 난 두 개의 창이 실내에 싱그러운 초록 기운을 불어넣어 주고 있다. 원래 도로시의 방이었다가 나중에 시인 부부가 쓰게 된 침실과 식당 그리고 부엌이 1층 공간이다. 시인이 눌러앉아 시상을 다듬고, 아내와 여동생은 서로 미소 지으며 빵과 파이를 구웠을 정경이 머릿속에 그려진다.

침실과 창고가 있는 2층으로 올라가면 시인이 마지막 유럽 여행 때 소지했던 여권과 소품 등이 놓여 있다. 그러곤 바깥 정원으로 이어진다. 남매는 이 정원을 정성껏 가꾸었다고 한다. 과일과 야채를 많이 심어 과수원이 되기도 했고, 야생화와 온갖 꽃들을 심어 작은 농원이 되기도 했다. 시인에게는 산책과 사색의 공간이면서 영감의 원천이기도 했을 터였다. 정원은 200여 년이 지난 지금도 여전히 울창하고 푸르렀다.

도브코티지 바로 옆에 있는 박물관은 워즈워스 시인을 좋아하는 사람들에겐 특별한 곳일 수 있다. 여러 장의 시인의 초상화, 시인이 쓰고 입었던 모자와 옷이며, 펜과 잉크병 등 시인과 관련된 많은 소품과 자료들이 정겹게 보관 · 전시되고 있다.

시인의 마을을 벗어나면서 오래전 영화 〈초원의 빛Splendor in the Grass〉이 생각나는 건 당연한 일이었다. 사춘기 시절, 그 얼마나 강렬한 추억의 영화였던가. 내털리 우드와 워런 비티라는 두 남녀 배우, 워즈워스의 시와 함께 오랜 세월 기억되는 영화다.

영화에서처럼 청춘은 아름다움이기도 했지만 혼란스러움이었다. 청춘 다음에 이어지는 삶은 비루한 일상과 현실에 지나지 않을 뿐임을, 차갑게 일깨워줬던 기억들. 청춘이라는 아픈 터널을 지내고 각자 새로운 인생에 들어선 두 남녀가, 잠시 만나고 헤어지는 마지막 장면은 영화의 압권이었다. 그토록 사랑했고 찬란했던 남학생

버드가 농장에서 땀과 흙으로 범벅이 된 유부남의 모습으로 디니 앞에 나타났다. 행복한지를 묻는 디니의 질문에 버드가 대답한다.

"행복? 무슨 의미가 있겠어. 주어지는 대로 사는 거지."

헤어져 돌아오는 차 속에서 친구가 디니에게 아직도 버드를 사랑하는지 묻는다. 그녀가 대답 대신 워즈워스의 시를 읊조리며 영화는 끝난다.

한때 그토록 찬란했던 광채였건만
이제 눈앞에서 사라졌다 한들 어떠랴
다시는 돌이킬 수 없는 그 시간들
초원의 빛이여
꽃의 영광이여
우리 더 이상 슬퍼하지 않으리,
오히려
그 뒤에 남겨진 것들에서 힘을 찾으리

- 윌리엄 워즈워스, 〈어린 시절을 회상하며 불멸을 깨닫는 노래〉 중에서

경로 Grasmere → Grisedale Tarn → Dollywaggon Pike → Nethermost Pike → Hevenllyn → Patterdale (유일하게 자동차로 이동한 구간이다.)
총거리 16.1km **최고 고도** 950m **최저 고도** 70m

Day 4

샤프

Shap

패터데일을 벗어나는 골드릴 다리를 건너면 잠시 후부터 등산이 시작된다. 앵글탄 호수 주변까지는 가파른 오르막이다. 더노트를 지나 킷스티 봉우리에 이르기까지는 산 정상 평원이다. GPS나 일행이 없다면 헤매기 쉽다. 이후 호스워터 남단으로 내려와 물가를 따라 6km를 걸으면 번뱅크스 마을에 도착한다. 샤프 수도원을 지나면서 레이크 디스트릭트 국립공원을 벗어난다.

알랭 드 보통의《여행의 기술》은 그가 여행했던 중동과 유럽의 여러 지역들을 아홉 개 챕터로 나누어 묘사하고 있다. 각 챕터마다 '여행을 위한 장소에 대하여', '이국적인 것에 대하여', '호기심에 대하여', '숭고함에 대하여' 등과 같은 사색적 소제목들이 붙어 있다. 빈센트 반 고흐나 윌리엄 워즈워스 등 시공과 분야를 초월한 예술인들을 안내자로 불러내어, 함께 여행하며 느낀 소회와 단상들을 풀어내 담고 있다.

영국의 여행지는 런던과 이곳 레이크 디스트릭트가 다뤄진다. 특히 레이크 디스트릭트가 두 개의 장에서 다양하게 묘사되고 있는 것을 보면, 그도 아마 이곳에 상당한 매력을 느꼈던 것 같다. 이 광활한 호수 지방에서 알랭 드 보통이 걸었던 그 길, 같은 구간을 나 또한 우연히 걸을 수 있었다. 어제 정규 코스를 벗어나 길을 잃고 헤매다 산길을 잘못 들어선 덕택이다.

길을 이탈하고 나면 두려움도 있겠지만 묘한 스릴과 쾌감도 함께 따른다. 결과적으로 알랭 드 보통이 걸었던 여정을 함께하는 행운도 얻었다. 원래 예정에 없던 랭데일 골짜기를 걸었고, 레이크 디스트릭트에서 가장 넓기로 유명한 윈더미어 호숫가의 앰블사이드도 덤으로 둘러볼 수 있었다.《여행의 기술》에서 작가는 앰블사이드와 랭데일 골짜기를 거닐었던 때의 소회를 꽤 길게 묘사하고 있는데 여기서 인상깊었던 것은 "자연이 인간보다 두드러진 곳이었다."라는 구절이다.

좋은 작가의 여행기는 내가 그곳을 가기 전 예습으로보다는, 다녀온 다음에 복습으로 음미하는 게 더 감미로웠음을 그간의 경험으로 알 수 있다. 누군가의 생각으로 머릿속을 채워서 가면 현지에서 나의 시각과 관점이 들어설 공간이 적어진다. 여행에서 나 자신의 느낌만으로 내 속을 채워 돌아오더라도, 나중에 접하는 좋은 작가의 생각들은 얼마든지 내 것을 밀치고 들어오는 힘이 있었다.

2년 전에 읽고 블로그에 포스팅해뒀던 알랭 드 보통의 여행기를 랭데일과 앰블사이드란 지명 덕택에 갑자기 떠올리며, 엊저녁 찾아 들어가 다시 읽어보았다. 내가 어제 오후에 느꼈던 현지에서의 감상은 빈약했지만, 저녁에 찾아 읽은 작가의 묘사는 역시 풍부했다. 다시 랭데일 골짜기로 돌아가, 길 양옆 떡갈나무들이 다른 나무들의 그림자로부터 얼마나 멀리 떨어져 있는가를 재어보고도 싶고, 나무들 아래의 들판이 양들의 식욕을 얼마나 돋우고 있는지도 확인해보고 싶어졌다.

패터데일 유스호스텔은 A592번 도로에 인접해 있다. 남으로 윈더미어 호수와 북으로 얼스워터 호수를 연결하는 차도다. 이곳 레이크 디스트릭트 국립공원에는 20개의 크고 작은 호수가 있는데, 그중 가장 넓고 유명한 두 개의 호수 지역을 이 도로가 이어주고 있다. CTC 길에서 차량이 많은 도로를 걷는 경우는 지금까지도 거의 없었고, 앞으로의 지도를 봐도 별로 없어 보인다. 대부분은 자동차 도로를 피해 이어져 있기 때문이다. 오늘 아침처럼 잠깐씩 차도를 지나가는 경우가 있을 뿐이다.

간밤에 쏟아진 비 때문인지 아스팔트는 몹시 반짝거린다. 꾸준히 지나는 차량들은 바퀴 소리가 유난히 요란스러웠지만, 저벅저벅 내 발자국 소리와 묘한 하모니를 이루고 있다. 길 양쪽 가로수들에 앉아 재잘거리는 새들의 노랫소리는 요란하지만 맑고 상쾌했다.

여행에서의 아침이 늘 그렇듯 패터데일의 아침도 설렘과 기대

레이크 디스트릭트 지역은 이름대로 어디를 가나 크고 작은 호수를 만날 수 있다.

감으로 가득하다. 어떤 하루가 내 앞에 펼쳐질까? 당연히 근거 없는 불안감도 조금은 함께 따른다. 어제처럼 또 다시 길을 잃고 헤매는 일이 반복되어선 안 될 일이다. 오늘의 종착지 샤프 마을까지 27킬로미터를 함께 갈 동행인을 찾는 게 중요하다.

멀리서부터 마주 오던 젊은 친구와 삼거리에서 마주쳤다. 그는 왼쪽 길로, 나는 오른쪽 길로 들어서면 우리는 한 방향이 되고 일행이 될 수 있다. 배낭의 규모와 복장으로 보아 전문 트레커임에 분명하다. 이런 친구를 따라가면 길 잃고 헤맬 염려는 절대 없을 터다. 기대감 잔뜩 가지고 내가 먼저 인사하며 묻는다.

"하이, 굿모닝! CTC를 걷고 있는가?"

"굿모닝! 아니다. 윈더미어로 내려가고 있는 중이다. 호숫가에서 야영할 것이다."

의례적인 인사말만 몇 마디 나누고 헤어졌다. 실망을 숨기지 못하는 나의 표정과 영문을 잘 몰라 하는 그의 표정이 대조적이었을 것이다.

삼거리에서 오른쪽 산 방향으로 들어서면서 차도가 끝난다. 조그만 시냇물을 건너는 골드릴 다리Goldrill Bridge 위에 여성 트레커 둘이 서로 사진을 찍어주고 있다. CTC를 걷는 사람들이 아니면 여기서 저런 복장으로 주변 경치에 동화되고 있지는 않을 것이다. 사진 찍어주겠다는 인사말에 둘이 반가워한다. 나에게 얼른 카메라를 건네주고 포즈를 취한다. 다리와 뒷산 배경이 두 여성과 잘 어울리도

록 구도를 잡고 셔터를 눌렀다.

"우아! 사진 잘 찍혔네요. 땡큐. 어디까지 가나요?"

"샤프까지. 거기 숙소가 예약되어 있어요."

"우리 둘은 샤프까진 무리에요. 그 전에 어딘가에 묵을 예정이에요."

"이제 저 산을 넘어야 하는데 각오들은 되어 있나요?"

"우리는 천천히 쉬면서 넘을 거니 괜찮아요. 당신이 갈 길이 멀텐데."

GPS를 가지고 있는 여성들이다. 이들과 함께라면 산속에서 길을 잃을 위험은 없겠지만 속도가 문제다. 머릿속에서 휘리릭 잔머리 한번 굴려보고는 혼자 먼저 가는 것으로 결론을 내렸다. 오르막 급경사가 시작되고 두 여성과 30분 정도 함께 오르다가 나 먼저 간다고 양해를 구했다. 산 중턱에 앉아 숨을 몰아쉬는 둘을 놔두고 혼자 일어나 출발했다. 어쩐지 뒤끝이 간지러운 느낌이다. 서운할 리도 없고 그런 표정들도 아닌데, 괜히 나 혼자 미안한 마음이 들었다. 생각해보니 통성명도 안 하고 왔다.

앵글탄 봉우리Angletarn Pike 정상은 레이크 디스트릭트 국립공원에서 지금까지 지나온 길을 어렴풋이나마 한눈에 내려다볼 수 있는 마지막 기회였다. 산 바로 아래로 어젯밤 묵었던 유스호스텔과 패터데일 마을이 흰 구름과 엷은 안개에 쌓여 고요히 앉아 있다. 천상에서 무릉도원을 내려다보는 느낌이 이러지 않을까? 아랫마을 너며 멀리는 오히려 시야가 더 트였다. 서쪽 지평선 쪽으로 내가 거쳐 온 마을들, 그래스미어, 스톤스웨이트, 허니스터까지 희미하게 보이는 듯하다. 그 뒤로 까마득한 어디쯤은 첫날 오후 비 흠뻑 맞으며 도착했던 에너데일 브리지일 것이다.

오늘까지 나흘 동안 레이크 디스트릭트의 산 하나씩을 매일 넘고 있다. 오늘은 이 호수 지방의 마지막 산을 오르고 있다. 잠시 숨 고르며 뒤돌아보면 경사가 심한 아래 중턱에 아까 헤어진 두 여성이 아직 시야에 남아 있다. 개미처럼 움직이는 두 개의 점이나 다름없다. 양손을 크게 흔들어봤지만 그녀들이 나를 본 것 같지는 않다. 그들 반응이 내 눈에 잡히기엔 너무 먼 거리였다.

앵글탄은 산속에 있는 넓은 호수다. 산 아래 지상에 있는 넓은 호수들과는 비교할 수도 없이 작은 규모지만, 해발 500미터 지점에서 만나는 호수는 그 넓이가 중요한 게 아니었다. 백두산 천지의 신비와 웅장함에는 못 미치더라도, 여러 시간을 땀 흘려 오른 후 한라산 백록담을 내려다볼 때의 그 감상에는 뒤지지 않을 터였다.

이제 급경사는 끝났고 완만한 오르막을 거쳐 고도 300미터만 더 올라가면 오늘의 정상이다. 해발 784미터의 킷스티 봉우리Kidsty Pike까지는 완만한 대신에 워낙 드넓어서 길을 잃기도 쉬운 능선이었다. 앵글탄 호수를 지나고, 여러 개의 능선을 오르내리길 반복한 후 겨우 정상에 도착할 수 있었다.

산 정상 주변에서는 가이드북의 지도가 별로 쓸모가 없음을 사

군데군데 표지판이 있어 트래커들은 길을 잃지 않을 수 있다.

흘간의 경험으로 알 수 있다. 질퍽한 초원만 넓게 퍼져 있을 뿐, 길의 윤곽이 뚜렷하지 않기 때문이다. 오늘도 마찬가지다. 멀리 앞서가는 두 사람이 나의 이정표가 되었다. 놓치지 않으려 열심히 뒤따르며 일정 거리만 유지하고 왔다. 이제 그들은 이미 하산길 중턱까지 내려가 있고, 나는 하산이 시작되는 급격한 내리막 앞에 앉아 잠시 숨 돌리고 있다. 서쪽으로 뻗어 있던 산 아래의 모든 것은 시야에서 사라진 지 오래다. 지금부터 내가 밟을 동쪽 길이 구비치는 골짜기 아래로 길고 시원하게, 박진감 넘치는 풍광을 펼쳐 보이고 있다.

산 바로 아래는 드넓은 호수가 웅장하게 똬리를 틀고 앉아 있다. 호스워터Haweswater는 레이크 디스트릭트의 호수들 중에서 여섯 번째로 넓은 호수이자 저수지다. 100여 년 전에는 길이 4킬로미터의 호수였다고 한다. 주변 도시에 인구가 늘어나면서 더 많은 물 공급이 절실해졌고, 대형 댐을 건설하여 지금의 6킬로미터 저수지로 만들면서 오늘에 이르렀다. 산 아래까지 급경사 길을 내려간 후, 호숫가를 따라 6킬로미터를 더 가야 저 넓은 저수지를 벗어난다. 그다음에 다시 평지를 5킬로미터 더 가면 오늘 예약한 숙소인 '뉴잉로지New Ing Lodge'가 나타날 것이다. 오늘은 잉글랜드의 내륙으로 깊숙이 들어가는 날이다.

경로 Patterdale → Angle Tarn → The Knott → Kidsty Pike → Hawes Water 남단 → Burn Banks → Shap Abbey → Shap
총거리 25.8km **최고 고도** 784m **최저 고도** 140m

2

요크셔 데일스

Yorkshire Dales

Day 5 ~ Day 10

Orton

Kirkby Stephen

Keld

Reeth

Richmond

Danby Wiske

Day 5

오턴

Orton

샤프 마을을 벗어나며 철길과 고속도로를 건너면, 헤더꽃이 만발한 드넓은 황야가 펼쳐진다(헤더꽃을 보려면 8~9월에 가야 한다). 오턴 마을은 CTC 루트에서 약간 벗어나 있지만 찾아가기는 수월하다.

영국은 잉글랜드, 웨일스, 스코틀랜드, 북아일랜드라는 네 개의 지역이 하나로 된 연방 국가다. 주류였던 앵글로색슨족의 잉글랜드가 켈트족 후손들이 사는 나머지 세 개 지역을 단계별로 흡수 합병한 역사의 결과물이다. 이들 네 개 지역은 하나의 국가지만 각기 다른 고유의 기준에 의해 행정구역을 나누고 있다. 잉글랜드에는 9개의 '지방Region'과 49개의 '주County'가 있다. 즉, 하나의 '지방'에 여러 개의 '주'가 있는 것이다. 우리나라의 시 · 도에 여러 개의 구 · 군이 있는 것과 비슷하다.

잉글랜드 북부를 횡단하는 CTC 길은 행정구역상 두 개의 주를 관통한다. 컴브리아Cumbria 주와 노스요크셔North Yorkshire 주다. 컴브리아 주의 동쪽 절반 면적을 차지하는 레이크 디스트릭트는 CTC에서 맞이하는 첫 번째 국립공원으로, 샤프 수도원Shap Abbey을 경계로 하여 끝이 난다.

샤프 수도원은 지금은 폐허가 되어 옛터만 남은 유적지다. 폐허의 수도원 건물을 실물로 처음 접하는 나로서는, 영화 속 중세 시대 어딘가에 시간 여행이라도 온 듯한 느낌이 들었다. 조그만 강물이 흐르는 다리를 건너면 넓은 공터에 돌담 울타리가 둘러쳐져 있고, 그 한가운데 부서지다 만 수도원 탑이 우뚝 서 있다. 요즘 건물로 7~8층 정도 될 법한 높이다. 16세기에 헨리 8세가 캐서린 왕비와의 이혼을 허락지 않는 로마 교황에 대항해 영국의 독자적인 성공회를 설립하면서, 전국의 가톨릭 수도원들이 해산되는 비운을 맞았다. 잉글랜드 곳곳에는 당시 허물어진 수도원들이 이곳 샤프 수도원 터처럼 여러 곳에 남아 있다고 한다. 800년 동안 비바람 몰아치는 세월을 견디며 오늘날까지 도도하게 버텨온 것이다.

수도원에서 숙소까지 남은 거리는 2킬로미터 정도였다. 세 개의 국립공원 중 하나를 벗어났으니 어느새 여정의 3분의 1은 끝난 셈이다. 발걸음도 가벼워졌다. 그동안은 산악 지대가 많은 구간이었지만 이제부터는 당분간 편안한 평지가 이어질 것이다.

800년도 더 전에 지어진 샤프 수도원. 중세로 시간여행을 온 기분이다.

샤프 마을 한가운데 자리 잡은 숙소인 뉴잉로지도 역시 깨끗하고 깔끔한 분위기였다. 더러워진 옷들을 난간에 설치된 자동 세탁기에 넣고 신나게 돌려 뒤뜰 빨래줄에 모두 널고 나니 세상만사 부러운 게 없이 여유로워졌다. 가장 길고 어려운 구간을 지나온 하루였다. 혼자이면서도 용케 길 잃지 않고 잘 해낸 스스로를 칭찬하며 기분 좋은 저녁을 맞았다.

아침식사는 시끌벅적하게 끝냈다. 웨일스에서 온 부부와 스페인에서 왔다는 두 쌍의 젊은 남녀와 나까지 일곱이 한 테이블이었다. 부부는 조용했지만 에너지 넘치는 젊은 넷의 대화에 적극적으로 호응하는 표정이었다. 속사포 같은 그들의 말을 잘 알아들을 수는 없었지만, 나 역시 부부와 함께 웃는 얼굴로 고개 끄덕이며 열심히 듣는 척했다. 부부는 식사가 끝나자마자 출발했고, 나는 두 쌍의 남녀 뒤를 따라 좀 늦게 숙소를 나왔다.

혼자가 아니라는 사실이 아침 발걸음을 가볍게 했다. 마음도 편안해졌다. 샤프 마을을 벗어나며 철길 위 육교에서 잠시 멈췄다. 멀리서 기차 한 대가 나를 향해 돌진해 오고 있다. '어? 피해야 하는데……' 하고 생각하는 눈 깜빡할 순간에 기차는 휙 지나갔다. 일주일 전 세인트비스에 도착하던 날 내가 탔던 버진트레인Virgin Train이었다. 버진트레인은 런던 유스톤 역에서 출발해 맨체스터를 거쳐 스코틀랜드 글래스고까지 가는 열차로, 나는 환승을 위해 도중에 칼라일에서 내렸다. 영국의 장거리 열차는 처음이라, 졸음 밀려오는 두 눈을 부릅뜨며 차창 밖 고속 필름으로 지나는 잉글랜드의 정취를 놓치지 않으려 애를 썼던 기억이 새롭다.

길게 늘어진 기찻길을 보노라면 왠지 모를 아련함이 밀려온다. 어딘가 낯선 곳으로 떠날 때의 기대와 그리운 곳으로 돌아가는 설렘이 뒤섞인, 그런 마음의 상태가 이럴 것이다.

철로와 멀어지며 초원을 가로질러 올라가면 이번엔 고속도로가 나타난다. 기차 철로와 나란히 놓인 채, 맨체스터를 지나 글래스고까지 이어지는 M6 고속도로다. 잉글랜드의 서쪽 내륙을 관통해 스코틀랜드 깊숙이까지 연결하는, 영국에서 가장 넓고 큰 도로다. 갓길까지 왕복 8차선을 가로지르는 눈앞의 고가도로는 거대한 계곡에 걸린 구름다리처럼 웅장하다. 앞서가던 부부가 고가도로 위에서 우리 셋을 향해 손을 흔들어댄다. 사진을 찍어달라는 뜻일 게다. 고속도로 차량들의 질주감은 우리나라나 잉글랜드나 똑같다. 양손에 받쳐 든 카메라가 지나는 차량들이 일으킨 바람 때문인지 살짝 흔들렸다는 생각이 들었다. 역시나 사진 화질은 엉망이었다.

어제까지와는 지세가 완전히 바뀌었다. 레이크 디스트릭트 국립공원 안에서는 매일 산을 하나씩 넘었고, 매일 호숫가를 지났다. 주변은 늘 산과 호수였다. 헉헉거리며 산을 오르던 그때와는 확연히 달라져서 이젠 사방 곳곳이 평평한 초원이다.

본디 바람이 거센 날이 아니었다. 제멋대로 설쳐대는 바람 물결을 막아설 것은 지평선 안에 무엇도 있지 않았다. 초원을 뒤덮은 잡초와 야생화들은 이깟 바람 따위 면역이 되었다는 눈치다. 대지에 바싹 붙어 아주 낮은 자세로 저들끼리 똘똘 뭉쳐 있다. 나무들은 어쩐 일인지 한 그루 두 그루씩 서로서로 먼 거리를 두고 외롭게 서 있다. 흔들리지 않으며 꿋꿋함을 유지하려 나름대로 애쓰는 모습들이다.

평평한 길이 죽 이어져 트레킹하기에는 그만인 곳이다. 무어랜드의 바람은 시원하기 그지없다.

내 앞과 뒤로 듬성듬성 보이는 트레커들도 나처럼 무어의 바람결을 즐기는 것 같다. 모래사장을 걷는 것처럼 발걸음을 옮기기 힘들 정도로 바람이 세지만, 눈 가늘게 뜨고 고개만 숙이면 폐와 심장을 격동시키는 에너지원 같은 무어의 바람이다. 멀리 어디를 보아도 가물가물한 지평선뿐이고, 나무들이건 트레커들이건 모두 외로운 모습들이다. 산티아고 순례길 어디쯤인가를 걸을 때 이런 분위기였다. 3년 전 만났던 하늘과 구름이 이랬다.

그때의 스페인 북부 내륙에는 메세타 고원이 끝도 없이 펼쳐져 있었고, 오늘 잉글랜드 북부 내륙에서는 황무지 무어랜드가 시작되고 있다. 메세타를 광활하게 장식하던 누런 밀밭들이 이곳에서는

보라색의 헤더 꽃밭으로 바뀌었다. 꽃밭이라기보다는 덤불숲이 맞을지 모르겠다. 멀리서 보면 보라색 꽃밭, 가까이 다가서 보면 형형색색의 덤불숲.

자세히 보면 헤더는 보라색만이 아니라 분홍과 흰색까지 함께 어우러진 들꽃이다. 8월 중순인 지금이 헤더꽃이 만개하는 절정기다. 앞으로 남은 두 개의 국립공원을 지나면서 수없이 만날 정경은 오늘과 얼마나 다를까, 사뭇 궁금해진다.

같이 출발했던 젊은 친구들 넷과 작별하고 나 혼자 먼저 앞질러 나갔다. 남자 둘은 당연히 정정했지만 여자 둘이 많이 힘들어하면서 주저앉아 쉬는 횟수가 많아졌기 때문이다. 남자친구들만 믿고 따라왔는데, 괜히 왔다고 애교 섞인 투정을 하는 모습도 보였다. 세인트비스에서부터 100킬로미터가 넘는 길을 6일째 걷고 있으니, 트레킹 초보라는 여성들 입장에서는 힘들 만도 하다.

뒤처진 그들과 점점 더 멀어지면서 저 멀리 앞서가던 부부의 모습이 보이기 시작했다. 따라잡을 거리도 아니고 따라잡을 이유도 오늘은 없었지만, 그들을 이정표 삼아 따라가면 되는 것이다. 사방이 탁 트인 황야 지대인 데다가 움직이는 이정표까지 앞으로 두 명, 뒤로 네 명이나 있으니, 오늘 다시 혼자이긴 하지만 길 잃고 헤매거나 할 이유는 없겠다.

어제까지 매일 걸어온 거리와 지형을 생각해보면 오늘 샤프에서 오턴까지의 14킬로미터는 편안하고 순한 길이다. 오르막 내리막이 거의 없는 평지의 연속이었고, 그동안의 여정 중 가장 쉬운 하루였다. 비행기 좌석을 이코노미에서 비즈니스석으로 갈아탄 정도의 편안함이다.

4시간 반을 걸어 도착한 오턴orton 마을은 안개 낀 새벽의 숲처럼 고요했다. 코스에서 차도를 따라 2킬로미터 정도 벗어난 마을이다. 이 주변은 숙소가 여의치 않아서, 두 달 전 예약할 당시 애를 좀 먹었다. 비싸다고 생각하면서도 호텔 독방을 예약할 수밖에 없었다.

지은 지 100년은 지났음직한 건물들이 넓은 도로 양옆에 우직하게 서 있다. 회색, 검정과 조화를 이루는 하얀 건물들은 오래전이지만 한때 이곳이 번성했던 시절이 있었음을 은근히 과시하는 모양새다. 건물 창가와 벽돌담에 걸린 꽃바구니들이 한낮에 찾아든 동양의 이방인을 환영하듯 화사하게 맞아준다.

컴브리아의 심장에 자리 잡은 아름다운 마을.
A beautiful village in the heart of Cumbria.

숙소를 예약할 때 들러봤던 마을 웹사이트의 홍보 문구가 떠오르고 나도 모르게 고개가 끄덕여진다. 마을 복판으로 들어서면 흰색의 큼지막한 상가 건물이 눈길을 끈다. 건물 벽에 빨간 글씨로 'Village Store'와 'Post Office'라고 쓰인 두 개의 간판이 서로 얼마나 예쁜지 경쟁하듯 주변의 시선을 잡아끌고 있다.

건물 앞 벤치에는 함박웃음을 짓고 있는 할머니와 뭐가 불만인지 입이 뾰쪽 나온 여자아이가 앉아 있다. 나는 아이 옆에 배낭을 내려놓고는, 웃으며 조지 호텔George Hotel이 어딘지를 물었다. 말똥말똥 나를 쳐다보는 손녀를 대신해 할머니가 여전히 함박웃음인 채로 바로 근처에 있다며 방향을 알려줬다.

숙소인 조지 호텔은 그곳에서 5분도 안 걸리는 가까운 곳에 있었다. 주변 다른 건물들처럼 지붕을 제외한 전체가 흰색인 3층 건물이었다. 체크인하고 방으로 올라가 배낭을 내려놓고 곧바로 1층 카페로 내려왔다. 창가 쪽에 자리 잡고 앉아 점심을 주문하며 생맥주 한 잔을 함께 시켰다. 카운터 위 광고판에 적힌 생소하면서도 반가운 맥주 이름이 눈길을 잡아끌었다. 'C2C Fuel(연료)', 코스트 투

자동차에 기름을 넣듯, C2C 트레커들은 맥주를 마셔야 한다. 그래서 이름도 'C2C Fuel'이다.

코스트(CTC)를 걷는 이들의 연료라는 맥주다.

식사보다 먼저 웨이터가 날라오는 '연료' 한 잔을 바라보며 더없이 흐뭇해졌다. 아직 오후 1시 반밖에 안 되었다. 장거리 길을 걸을 때는 주기적으로 하루씩은 일정을 여유롭게 잡는 게 좋다. 오늘이 그런 날이다. 점심을 먹은 뒤 옷 몇 점을 손빨래하고 한 시간가량 낮잠을 자고도 시간이 여유로웠다. 편안한 복장으로 갈아입고 아름다운 오턴 마을을 어슬렁거렸다. 세인트비스를 출발한 이후로 처음으로 갖는 반나절의 여유 시간이었다.

경로 Shap → Oddendale → Crosby Ravensworth Fell → Orto

총거리 12.1km **최고 고도** 340m **최저 고도** 240m

Day 6

커비스티븐

Kirkby Stephen

컴브리아 지방의 막바지 길이다. 선비긴 탄을 지나 래븐스톤데일 무어를 지나는 동안은 방향이 매우 헷갈리는 구간이니 주의해야 한다. 스마데일브리지를 건너면 오르막 언덕이 펼쳐지고, 언덕 정상에 서면 저 멀리 두 번째 국립공원인 요크셔데일스의 정경을 볼 수 있다. 커비스티븐은 리치먼드와 함께 CTC 코스에서 만나는 큰 도시다. 시간을 가지고 둘러보는 것이 좋다.

새벽에 눈이 뜨였다. 어제 오후의 충분한 휴식 덕에 몸 상태는 날아갈 듯 가벼웠다. 아침 산책이 하고 싶어졌다. 영국에 와서는 처음이다. 간단히 차려입고 숙소를 나섰다. 시골의 아침 공기가 콧속으로 훅 밀려들며 단숨에 가슴이 열렸다. 너무 이른 시간이어서인지, 자욱한 아침 안개에 싸인 시골길은 인적이 거의 없었다.

이왕 나온 김에 오늘의 코스가 시작되는 지점을 확인하고 돌아오기로 했다. 가이드북에서는 어제 걸었던 14킬로미터 구간과 오늘 걸을 18킬로미터 구간을 묶어 하루에 끝내는 코스로 소개하고 있다. 이 두 구간을 걷는 동안에는 산을 넘을 일이 없고, 대부분 평야와 들판을 지나기 때문일 것이다. 그러나 나는 여행 중간에 반나절쯤은 여유가 필요할 것 같았고, 또 오턴 마을에 대한 막연한 기대감을 갖고 있던 터라 일부러 숙소를 예약할 때 이틀로 쪼개어 잡았다. 며칠 안에 해치운다는 식으로 빡빡하게 잡을 이유가 없는 여행이다.

내가 머물고 있는 조지 호텔은 가이드북에서 소개하는 정규 코스에서 살짝 벗어난 곳에 있었다. 그래서 코스에서 벗어난 만큼 왔던 길을 되돌아가야 했다. 산책 겸 길도 확인할 겸 정규 코스와 만나는 지점까지 걸어갔다 오는 것이 오늘 아침 산책의 중요한(?) 임무가 되겠다.

목표 지점까지 가는 길은 인근 마을 레이스벡Raisebeck과 이어진 왕복 3킬로미터의 2차선 도로지만 지나는 차량은 거의 없었다. 온

영국음식은 맛이 없다고 누가 그랬나. 비앤비 숙소에서의 아침은 꿀맛이다.

전히 나 혼자만을 위한 길이나 다름없었다. 선선한 여름날 아침, 한적한 시골길을 걷는 일보다 더한 행복이 뭐가 있을까. 마을 끝자락 농가에서 개 한 마리가 갑자기 짖어대기 시작한다. 내 발소리가 거슬렸나 보다. '스틱을 가져올 걸 그랬나?' 잠깐 멈칫했지만 착한 시골 개는 멀리서 폼 잡고 짖어대기만 할 뿐이다.

길 양편으로 울창했던 수풀이 사라질 즈음, 이번에는 길고 긴 돌담이 도로를 따라 이어지며 새로운 풍경을 만들어낸다. 돌담 저편에는 또 다른 돌담들로 넓게넓게 구획이 나뉜 목초지가 끝도 없이 펼쳐져 있다. 초원에서 풀을 뜯는 양 떼들이 녹색 화폭에 흰색 물감을 점점이 뿌려놓은 듯 정겹기 그지없다.

정규 코스와 만나는 위치는 지도에 나온 그대로였다. 돌아오는 길은 마음이 더 홀가분했다. 느릿느릿 아침 한 시간의 산책으로, 이따가 배낭을 진 상태에서 시작부터 '여긴가 저긴가' 길 찾을 일은 없어졌기 때문이다.

비앤비 숙소에서 제공되는 아침 식사는 대체로 7시 반에 시작되어 8시 반 또는 9시에 끝난다. 전날 제각기 다른 시간에 숙소에 들어온 사람들은 아침 식사 시간에 비로소 모두 한자리에 모인다. 새로운 사람을 만나 인사를 나누고, 만났던 사람을 또 만나기도 한다.

반가운 두 사람을 다시 만났다. 그저께 오후에 내게 길을 알려주었던 부부였다. 샤프 마을로 오던 날 킷스티 봉우리를 내려와 호스워터 막바지에서 잠시 방향을 잃었었다. 번뱅크스Burnbanks 지역은 지도 표기가 실제와 좀 헷갈리는 구간이 있었다. 지도를 잘못 보고는 엉뚱한 길로 들어선 모양이다. 길을 잘못 들었는지 알지도 못한 채 몇 곳을 맴돌다가는, 온 길을 모르고 도로 거슬러 올라가는 바보짓을 하는 중이었다. 다행히 마주 오는 부부와 마주치면서 내가 길을 거꾸로 가고 있음을 알게 되었다. GPS와 상세 지도로 무장한 부부의 뒤를 졸졸 따라온 다음, 샤프 마을 초입에서 헤어졌었다.

그 부부가 어제 늦게 공교롭게도 같은 호텔에 투숙한 것이다. 이 마을에 호텔이라 해봐야 이곳 하나밖에 없으니 당연하지만, 하루치 거리를 나처럼 여유롭게 이틀로 나눴다는 점에서 서로 우연이라고 덕담을 나눴다. 오늘도 길잡이 삼아 뒤에서 따라가겠다고, 신세를 좀 지겠다는 양해를 구하고 함께 숙소를 나섰다. 길에서 만난 사람들은 이런 부탁에 대부분 흔쾌히 응한다. 정규 코스와 만나는 지점까지는 아침 일찍 먼저 확인하고 온 내가 앞장을 섰고, 그 후부터는 GPS를 가진 부부가 앞장을 섰다. 부부의 정다운 데이트를 방해하지 않기 위해 나는 멀찌감치 거리를 유지했다.

돌담을 넘으면서부터 푸른 초원 한가운데를 가로질러 가야 한다. 많은 사람들이 오랜 세월 동안 밟고 지나간 발자국들이 쌓이고 겹치며, 목초지에 가느다란 한 줄의 길이 만들어졌다. 길 자욱이 희미해지는 지점에서 자칫 방향을 잘못 잡으면 코스를 이탈하기도 쉽다. 그나마 군데군데 세워진 이정표들이 확실한 가이드가 되었다. 두툼한 목재 기둥에 '코스트 투 코스트'라고 쓰인 나무 팻말들, 한결

같이 햇볕에 타고 비바람을 맞으며 시커멓게 색이 바랬다. 녹색 이끼 잔뜩 낀 모습에 수십 년 세월의 흔적이 담겨 있다.

뚜렷한 지형지물이 별로 눈에 안 띄는 황야에서는 가이드북의 지도는 별 도움이 되지 않았다. 방향이 제대로인지 확인하는 데에는, 핸드폰의 나침판 앱이 꽤 쓸모가 많았다. GPS로 길과 방향을 수시로 확인하고 있을 부부가 500미터 앞서가고 있는 만큼, 길 잃을 걱정은 별로 없었다. 구름은 좀 많은 편이지만 하늘은 여전히 맑았다. 높은 하늘과 녹색의 초원이 만나는 지평선을 향하여 부부가 뚜벅뚜벅 다가가는 모습이 어느 영화 속 장면처럼 근사했다.

'무어moor'란 단어를 이번 여행 준비하면서 처음 알았다. 사전을 찾아보면 '잡초와 야생화 헤더로 뒤덮인 고지대의 황야 또는 황무지'로 정의되어 있다. '탄무어Tarn Moor'란 이름이 붙은 이 일대는 비탈과 능선으로 완만하게 이어진 황야다. 풀밭과 덤불숲과 헤더꽃밭이 끝없이 펼쳐진 가운데, 군데군데 조그만 나무들만 한두 그루씩 외롭게 서 있을 뿐이다. 멀리 앞서가는 부부의 뒤만 따라가다 보니 지도를 들여다볼 필요를 못 느꼈다. 오랜만에 배낭에서 지도를 꺼내 현 위치가 어디쯤인지를 찾아봤다. 아무리 유심히 살펴봤지만 지도와 실제 지형이 맞지 않는 것 같다.

멀리 앞서가던 부부가 마주오던 사람을 세워서 뭔가를 열심히 물어보고 있다. 지도를 사이에 두고 양쪽 다 연신 고개를 갸우뚱거리는 걸로 보아, 뭔가 착오가 있는 모양이다. 좀 이상하다고 느끼며

끝없는 목초지와 길고도 긴 돌담 그리고 양떼들. 영국 농촌의 전형적인 풍경이다.

긴가민가 따라왔는데 역시나 길을 잘못 든 모양이다. 중간부터 어쩐지 미심쩍었지만 나로선 부부를 따라가는 게 최선이었다. 이 드넓은 광야에서 나 혼자 떨어져선 안 되는 것이다. 자신들이 어디서부터 길을 잘못 들었나 확인하는지 부부는 배낭을 내려놓고 지도 위에서 연신 머리를 맞대고 있다.

"미스터 리, 우리가 길을 잘못 들었다. 어느 방향인지 혹시 감이 안 잡히나?"

가까이 다가간 나에게 남편이 물어오지만 그들을 졸졸 따라오기만 했던 내가 알 턱이 없다. 도움이 될 만한 대답을 못 해주는 게

작은 시냇물을 가로지르는 스마데일 다리.

민망해졌다.

"미안하다. 나도 전혀 감이 잡히질 않는다."

주변을 두리번거리고 있던 아내 분이 200여 미터 떨어진 농장 쪽으로 빠른 걸음을 옮겼다. 낡은 트럭을 세워두고 농부가 무슨 작업을 하고 있는 곳으로 향하고 있다.

"내 아내가 저 농부에게 길을 물어보고 올 거다. 같이 앉아 좀 쉬자."

남편 옆에 배낭 내려놓고 함께 앉아 초콜릿 하나 꺼내어 권하는 게 내가 할 수 있는 일이었다.

아내분은 농장 주인과 잠시 무슨 얘기를 나누는가 싶더니, 이내 주인과 함께 조그만 트럭에 올라타는 모습이 눈에 들어온다. 싹싹한 성격의 아내분 덕택에, 농장 주인의 트럭을 타고 우리가 잘못 온 길을 되돌아갔다. 15분쯤 후 차를 세운 농장 주인이 왼쪽 방향을 가리키며 부부에게 꼼꼼히 길을 설명해준다. 남편도 연신 고개를 끄덕이는 걸 보니 지금의 우리 위치와 갈 방향이 명확해진 모양이다. 엉거주춤 서 있는 나에게, 현재의 위치가 래븐스톤데일무어Ravenstonedale Moor의 막바지라고 남편이 설명해줬다. 거듭 감사해하는 우리에게 마음씨 좋은 농장 아저씨는 별일 아니라는 듯 가볍게 악수를 나누곤 다시 트럭을 몰고 돌아갔다.

돌이켜 보면, 세인트비스를 떠나던 첫날부터 주변 사람의 도움을 받지 않은 날은 단 하루도 없었다. 영국 잉글랜드 북부의 내륙 땅에 내가 감사할 추억들이 차곡차곡 쌓여가고 있다.

스마데일 다리Smardale Bridge 앞에서 부부와 헤어졌다. 조그만 시냇물이 흐르는 옆에 자리를 펴고 준비해온 샌드위치 점심을 먹는다고 한다. 같이 먹자는 호의에 감사 인사만 하고 나는 먼저 다리를 건넜다. 목적지도 멀지 않았다. 혼자 길 잃을 염려는 없어진 것 같다.

컴브리아 지방의 마지막 황무지인 스마데일 언덕은 잉글랜드 내륙의 또 다른 세상과 처음 조우하는 지점이다. 내일 점심때쯤 들어서게 될 두 번째 국립공원 요크셔 데일스가 멀지만 어렴풋이 시야에 들어오는 곳이다. 해발 320미터의 야트막한 산 위에서 바라다보면 내일부터 오르고 내릴 요크셔 지방의 산군들이 흐릿하지만 웅장한 자태로 열 지어 서 있고 그 앞으로는 오늘 하룻밤 머물고 갈 새로운 도시가 다소곳이 앉아 있다.

예약해둔 숙소가 있는 커비스티븐까지는 완만한 내리막을 다 내려온 후 화물열차가 운치 있게 달리는 철로 밑으로 나가 조그만 초등학교를 지나면 된다. 구글 지도에 표기된 대로 '커크비스테판'이라고 발음했더니 엊저녁 숙소 주인이 이방인들은 다들 그렇게 발음한다면서 '커비스티븐'으로 정정해주었다. 며칠 후 도착할 리치먼드Richmond 다음으로 CTC 여정에서는 큰 규모의 도시라지만 거리는 차분하고 한산했다. 크고 오래된 건물들만이 옛날의 번영을 말해주고 있다. 잉글랜드 길을 걸으면서 처음 만나는 내륙 도시다.

대로변에 있는 '커비스티븐 유스호스텔'을 찾는 건 쉬웠다. 옛날에는 교회 건물이었나 보다. 외관도 그렇고 실내는 오르간과 십자가에, 교인들이 앉아 기도했을 긴 탁자들이 여전히 경건하게 놓여 있다. 탁자 하나에 두 사람이 앉아 방금 요리한 음식을 도란도란 나눠먹는 모습이, 여기가 교회가 아니고 호스텔임을 일깨워준다. 주방엔 각종 취사도구들이 가지런히 정돈되어 있다. 냄비와 프라이팬 등 주방용품 사용과 설거지 등에 대한 몇 가지 수칙을 듣고 나서, 배정된 침대로 안내받았다. 4인실 침대 방에 아직까지는 나 혼자다.

배낭을 풀어 짐을 정리하고, 호스텔 앞에 봐두었던 대형마트로 갔다. 늦은 점심을 조리해 먹는 게 급선무였다. 내륙 지방에서는 꽤

규모가 있는 도시다. 대형마트의 규모도 그에 상응하여 컸고, 우리의 백화점 지하 마트처럼 다양한 물품들이 진열되어 있었다.

양고기와 소고기 각 한 덩이씩에, 칼스버그 맥주 4캔, 자두 5개, 사과 8개, 밀감 8개. 초콜릿 큰 거 하나. 욕심껏 바구니에 집어넣었다. 오늘 늦은 점심과, 어찌 될지 모르지만 늦게라도 저녁까지 해먹을 분량이다. 먹고 남는 것들은 배낭에 넣어 가져가 내일 점심으로 먹으면 된다. 오후 4시의 늦은 점심, 풍성해질 식탁을 생각하며 침이 꼴깍 넘어간다.

경로 Orton → Orton Scar → Sunbiggin Tarn → Ravenstonedale Moor → Smardale Bridge → Smardale Fell → Kirby Stephen

총거리 21.7km **최고 고도** 350m **최저 고도** 150m

Day 7

켈드

Keld

두 번째 국립공원으로 들어가는 길이다. 커비스티븐의 메인 도로(A685)인 마켓스트리트를 따라 걷다가 이든 강을 건너면 하틀리 지역으로 넘어간다. 나인스탠다즈 산의 정상을 경계로 컴브리아 주에서 노스요크셔 주로 바뀐다. 산 아래 마을 러벤시트까지는 세 갈래의 길이 있는데, 자연 보호를 위해 계절에 따라 각기 다른 길을 걷도록 하고 있다(5~7월 레드루트, 8~11월 블루루트, 12~4월 그린루트).

말해보세요, 제가 달리 무엇을 했어야 했나요?
결국엔 모든 게 너무 일찍 사라져버리잖아요.
말해보세요, 한 번뿐인 소중한 인생을 걸고 그대는 무엇을 할 것인지.

메리 올리버Mary Oliver의 시 〈여름날The Summer Day〉의 마지막 구절이다. 영화 〈와일드Wild〉의 여러 장면들과 함께, 어딘가를 걸을 때 뜬

금없이 툭툭 떠오르곤 하는 대목이다. 영화 자체로서의 완성도는 미진한 부분도 있었지만, 실화로서 한 여성의 이야기가 주는 감동은 컸다. 26세의 불운한 여성이 미국 서부의 '퍼시픽 크레스트 트레일The Pacific Crest Trail(PCT)'을 걷는다는, 그야말로 영화 같은 실화였다.

PCT는 미국의 멕시코 국경에서 출발해 캘리포니아와 서부 지역을 따라 캐나다 국경까지 올라가는 장거리 트레일이다. 장장 4,285킬로미터의 거리에 야생의 위험이 상존하는 이 험한 산길을, 세상의 밑바닥까지 내동댕이쳐진 젊은 여성이 혼자의 힘으로 걸어서 종주하다니 상상을 뛰어넘는 수준이었다. 물론 중간에 건너뛰거나 생략된 구간들이 있었겠지만 어쨌든 3,000킬로미터 이상의 산길을 여자 혼자서 걸었다는 것이다.

영화는 PCT의 수려한 풍광들과 발톱이 빠지는 고통 속의 그녀 또는 외로움 속에 성찰하는 그녀의 모습들을 교차해서 보여준다. 조그만 자신의 키만큼이나 높고 무거운 배낭을 메고 걷는, 아름답지만 험준한 그 길 위에서 셰릴은 불우했던 자신의 과거와 다시 만난다. 그녀의 회상 속에서 지난 인생의 단편들이 주마등처럼 지나가고, 때론 다시금 분노하고 때로는 용서한다.

짐승, 인간, 고립 등의 위기의 순간이 오지만 그때그때 스스로의 힘으로 뛰어 넘는다. 인생 밑바닥에서의 마지막 도피처라고 생각해 시작했던 그 길에서 셰릴은 자신의 과거를 용서할 수 있었고, 엄마가 생각했던 예전의 그 자랑스러운 딸의 모습을 비로소 되찾을 수 있었다.

몸이 그대를 거부하면 그대의 몸을 뛰어넘어라.

트레킹 초반에 나오는 에밀리 디킨슨의 시 첫 구절부터 시작해, 멀고 길었던 그 여정 끝에 그녀는 비로소 자신만의 진정한 '자유'를 얻었다.

"혼자 걸으면 외롭지 않으세요?"
도중에 만난 누군가가 물었다. 영화 속 셰릴은 대답했다.
"내가 있던 그곳이 더 외로웠어요."

사람들은 대체로 덜 외로워지기 위해 어디론가 떠나고 더 행복해지고 싶어 하며 오늘을 산다. 혹은, 서 있는 자리가 외롭거나 내일의 행복을 위해 오늘 뭔가를 하고 싶을 때 사람들은 어딘가로 떠나는 건 아닐까.

셰릴 스트레이드가 걸은 미국 종단 PCT가 영국 횡단 CTC에 비해 10배가 넘는 거리임을 생각해보면, 나의 이번 여정은 싱거워지기까지 한다. 거리도 거리이지만, 셰릴의 먹고 자는 하루 일과는 야생 그대로였다. 몇 개월 동안 밤마다 텐트를 치고, 끼니마다 스스로 뭔가를 준비했던 그녀에 비하면 나는 얼마나 럭셔리하고 여유로

82마일을 걸었고, 앞으로 108마일을 걸어야 한다.

운가? 미리 예약되어 있는 안락한 침대가 저녁마다 기다려주고, 시설 좋은 주방에서 요리해 먹을 수도 있고, 귀찮으면 사 먹을 수도 있다. 레이크 디스트릭트의 산을 오르며 힘들다고 느낄 때 셰릴이 짊어졌던 그 높은 배낭이 떠올랐고, 패터데일 유스호스텔에서 아래칸 침대의 코고는 소리에 뒤척이며 잠 못 이룰 때 셰릴의 야생 텐트를 생각했다.

어제 오후 4시 반에 늦었지만 풍족한 점심을 만들어 먹었고, 도시 거리를 어슬렁거리다 어두워졌고, 다시 간단한 저녁을 만들어 먹은 후 침대에 누웠다. 커비스티븐 유스호스텔은 꽤 넓은 규모 때문인지, 내가 투숙한 4인실은 어제 하룻밤은 나 혼자 독방이었다.

밤 10시가 넘었지만 저녁 늦게 체크인하는 트레커는 없었다. 대부분의 숙박지에서처럼 한 방에 누군가 함께 있으면 자연스런 대화를 통해 새로운 세계와 만나기도 했겠지만, 혼자인 것도 꽤 아늑하고 좋았다. 일단은 누군가의 코고는 소리를 들을 일도 없고, 밤늦게까지 불도 켜둘 수 있었고, 옆 사람 눈치 안 보고 핸드폰 음악도 볼륨 키워 들을 수 있다.

엊저녁 늦게까지 깨어 있다 보니 아침에 역시 늦잠을 좀 잤다. 오늘 산을 하나 넘기는 하지만 왠지 모르게 그다지 부담이 느껴지지 않았기 때문이기도 했다. 초반 며칠 동안의 긴장 대신에 이젠 스스로 자신이 좀 붙었는지 약간은 마음의 여유가 생긴 느낌이다. 유스호스텔에 준비된 토스트로 간단한 아침식사를 하고 9시 반에 길을 나섰다. 역시 혼자였다. 나와 같은 길을 갈 사람들은 아마도, 내가 일어난 8시 반쯤 전에 모두 출발했을 터이다. 아마 지금쯤 산 넘어가는 무어 어딘가를 걷고 있으리라.

잉글랜드 북부의 내륙에서 발원한 이든 강River Eden은 이곳 커비스티븐을 지나 북으로 흐르고 흘러, 대도시 칼라일을 거쳐 아이리시 해와 합쳐진다. 유스호스텔에서 마켓스트리트를 따라가다 우측 골목으로 접어들면, 잠시 후 한적한 외곽을 흐르는 이든 강과 만난다. 강물의 수량이 풍부하고 물살이 역동적이다. 발원지가 이곳에서 그다지 멀지 않은 고지인 모양이다.

지은 지 100여 년은 될 것처럼 낡지만 견고해 보이는 프랭크

다리Frank's Bridge에서 정겨운 이정표와 만난다. '코스트 투 코스트, 세인트비스에서 82마일 왔고 로빈후즈베이까지는 108마일 남았다'는 내용이다. 오늘 남은 10여 마일만 더 가면 정확히 절반을 마치는 셈이다.

그러고 보면 오늘 커비스티븐에서 켈드까지 구간은 여러 의미가 있다. CTC 315킬로미터의 절반을 지난다는 점에다가, 노스웨스트 잉글랜드 지방이 끝나고, 요크셔 험버Yorkshire and the Humber 지방으로 경계를 넘어가면서 동시에, 컴브리아 주에서 노스요크셔 주로 바뀌기도 하는 것이다.

강변 숲 한편에서 '코스트 투 코스트와 나인 스탠다즈Coast to Coast and Nine Standards'라고 쓰인 또 하나의 이정표를 만났다. '나인 스탠다즈'는 한 시간 반 후에 만나게 될 아홉 개의 돌무덤을 말한다. 지금 올라가는 하틀리 산Hartley Fell의 정상에 돌무덤 아홉 개가 나란히 열 지어 서 있을 것임을 미리 알려주고 있다.

이든 강변을 벗어나면서 산길은 경사가 심해진다. 거대한 채석장을 지나는 오르막 중턱에서 배낭 내려놓고 쉬고 있는 토니 해밀턴 씨와 만났다. 어제 오후 커비스티븐 유스호스텔에 나보다 두 시간 늦게 들어왔고, 주방에서 점심 준비하면서 서로 인사를 나눴었다. CTC를 세 번에 나누어 종주하는데 이번은 그 두 번째로, 샤프에서 리치먼드까지 6일을 계획하고 있다고 했다. 연세에 비하면 좀 무리 아닐까, 잠시 생각했지만 그건 아닌 모양이었다. 스페인 산티아고 순례길도 혼자 한 달 반이나 걸어 종주했다는 얘기들이 화제에 오르면서 서로 금세 의기투합이 될 수 있었다. 유럽 지역의 도보여행에 대해서는 상당한 경험과 내공이 있는 듯했다.

"하이, 미스터 리. 당신이 따라붙을 줄 알았다."

"굿모닝, 미스터 해밀턴. 아침에 당신을 찾았는데 안 보였다."

"9시 못 되어 먼저 출발했다. 나이 들면 걸음도 느려진다. 서둘러 나와야 한다."

"당신이 GPS를 가졌으니, 이 산을 넘을 때까지 당신 뒤를 따르겠다. 양해 바란다."

"물론이다. 대신에, 나이 든 노인에 맞추어 미스터 리가 천천히 걸어야 할 것이다."

"감사하다."

10여 분 후 일어나 함께 다시 정상을 향했다. 가파른 오르막인데 나보다 작지 않은 배낭을 짊어지고도 그는 힘들어 보이는 기색이 전혀 없다. 오르막이 더 가팔라지면서 그와의 대화는 끊겼다. 각자 고개를 숙이고 거친 숨만 몰아쉬며 걸음을 옮기지만 이심전심, 전장의 동지와 함께 고지를 향해가는 느낌이다.

산 중턱 이후부터는 나무 한 그루 없는 초원이다. 시야를 가리는 게 없어진 만큼, 자꾸만 걸음을 멈추어 뒤를 돌아보게 된다. 뿌려진 땀방울이 한 주먹 될 때마다 주저앉아 뒤돌아보았다. 산 아래 펼쳐진 경관도 조금씩 그 모습을 달리하고 있었다. 멀어지는 커비스티븐은 또렷한 정물화 그대로지만, 어제 지나온 스마데일 언덕은 멀리에서 어렴풋한 추상화가 되어간다.

해발 667미터의 이 하틀리 산은 잉글랜드의 등뼈인 페나인 산맥The Pennines의 중심부 일원이다. 이곳이 분수령이 되어, 서쪽으로 흘러내린 물은 저 멀리 아이리시 해로, 반대편으로 모아진 물은 동으로 흐르고 흘러 북해와 합쳐진다.

하틀리 산 정상에는 아홉 개의 돌무덤이 나란히 줄지어 서 있다. 나인 스탠다즈 리그Nine Standards Rigg, 누가 언제 어떤 연유로 이런 아홉 개의 돌무덤을 쌓게 되었는지는 명확치 않고 역사적으로 확인된 바도 없다고 한다. 이 높은 곳 거센 비바람에 견디며 얼마나 많은 세월을 저렇게 서 있었는지도 정확치 않은 모양이다. 다만 18세기 어느 지도에도 이 돌무덤들이 표기되어 있다고 하니, 최소한 300년보다는 훨씬 이전부터 있었음은 확실한 모양이다.

"왜 여기 이 높은 곳에 돌무덤을 아홉 개나 쌓았을까요?"

해밀턴 씨에게 물었다.

"멀리 산 아래에 있는 스코틀랜드인들을 속이려 만든 거죠. 이곳에 잉글랜드 군사가 주둔해 있는 것처럼 위장해 보이려고."

나중에 남태평양의 이스타 섬을 여행한다면 모아이 석상 앞에 섰을 때 이런 기운을 느낄지도 모를 일이다. 그 탄생 기원과 과정의 역사가 완전히 장막에 가려진 유물만큼 신비로운 게 어디 또 있을까. 산 주변으로 펼쳐진 장대한 경관과 함께, 뭔가 베일에 싸인 비밀

경험과 내공으로 초보인 나의 가이드 역할을 해준 토니 할아버지. 덕분에 헤매지 않았다.

몇 가지 품고 있는 듯 돌무덤 주변은 영적인 기운으로 가득하다.

과거가 아닌 현재로서의 나인 스탠다즈 리그의 역할은 명확하게 두 가지다. CTC 구간의 절반을 지나는 표시임과 동시에 잉글랜드의 노스웨스트 지방과 요크셔 험버 지방을 가르는 경계선이라는 것이다. 지금까지는 노스웨스트의 컴브리아 주였고, 이곳을 기점으로 나는 요크셔 험버 지방의 노스요크셔 주로 넘어가고 있다. 동시에 요크셔 데일스 국립공원으로 들어서는 것이다.

조금 전까지도 맑았던 하늘이 갑자기 비를 쏟아붓기 시작한다. 신성한 곳에 너무 오래 머물렀다는 꾸지람인지, 나인 스탠다즈를 떠나자마자부터였다. 산 정상이란 곳의 날씨는 늘 이런 식이다. 천방지축 변덕꾸러기인 것이다. 그보다는, 이곳이 영국임을 생각한다

연원을 알 수 없는 9개의 돌무덤, 나인 스탠다즈 리그.

면 이런 비는 너무나 당연하고 영국스러운 현상이다. 영국인의 삶과 늘 함께해온 비를 나는 좀 더 반길 줄도 알고 익숙해지기도 해야겠다. 걷기 시작한 지 오늘로서 7일째, 첫날 오후 빼고는 이후 5일 연속, 걷는 도중에 비를 만난 적이 없다. 영국의 날씨는 그동안 나에게 너무나 관대했던 것이다.

해밀턴 씨와 함께 급하게 배낭을 풀어 우비를 꺼내 입고 하산을 서두른다. 정상 근처의 하산 길은 매우 완만하지만 넓고도 넓었다. 덤불에 가려져 하신길이 명확하게 보이지 않는 게 문제였다. 빗속에서는 늘 그렇듯 종이 지도는 물론 핸드폰 나침반도 무용지물이 된다. 빗속에서 GPS를 요령껏 살피며 앞서가는 토니 할아버지의 뒤를, 고개 푹 수그리고 따라가는 것만이 내가 할 수 있는 최선이었다.

덤불은 온통 푹푹 빠지는 습지의 연속이었다. 지금까지 지나온 길 중 가장 심한 습지와 만나는 코스인가 보다. 발목까지 빠지는 일을 여러 번 겪으면서 등산화 속은 완전히 질퍽해졌다. 오를 때 보다는 훨씬 수월해야 할 하산길이, 빗속에 방향을 잃다 보니 그 어느 날보다도 힘든 여정이 되어버렸다. 30분 정도 내려오면서 비가 그쳤다. 잠시 멈추어 지도와 GPS를 차분히 들여다보던 그가 웃으며 자신감을 보였다. 코스를 크게 벗어나진 않았고, 거의 비슷하게 내려왔다는 것이다.

오늘 정상 주변에서의 이 구간은, 자연 보호 차원에서 계절에 따라 세 코스를 달리 운영하고 있다. 5~7월은 레드루트Red Route, 8~11월은 블루루트Blue Route 그리고 12~4월은 그린루트Green Route 다. 오늘 우리는 약간 이탈은 했지만 블루 루트를 따라 내려온 거라고 그가 말해줬다. 다른 두 루트와 비교해서 어떤 차이가 있을지는 알 수가 없었다.

산을 다 내려와 러벤시트Ravenseat 마을의 다리 앞에서 토니 할아버지와 헤어졌다. 어차피 숙소는 다르고, 그는 차분히 쉬면서 준비해온 점심을 먹어야 했고, 나는 배고픔보다는 어서 빨리 예약된 숙소를 찾아 들어가고 싶었다. 질펀한 등산화를 빨리 벗어서 말리고 싶은 마음도 급했다.

토니 할아버지가 아니었으면 나 혼자 아직도 저 산 중턱 어딘가에서 동서로 남북으로 헤매고 있을 터였다. 한 시간 후에 도착한 켈드는 스웨일 강River Swale 어귀에 자리 잡은 조그만 계곡 마을이었다. 예약된 숙소 버트하우스Butt House는 숙박비 48파운드의, 이번 여행 통틀어 가장 비싼 축에 속하는 숙소다. 숙박 시설이 몇 안 되는 마을이기 때문일 것이다.

경로 Kirkby Stephen → Frank's Bridge → 채석장 → Nine Standards Rigg → 갈림길 → Ravenseat Farm → Keld

총거리 20.9km **최고 고도** 662m **최저 고도** 140m

Day 8

리스

Reeth

이 구간도 두 개의 루트가 있다. 해발 550m의 멜벡스 무어를 지나는 하이 루트(High Route)와 저지대인 스웨일 강을 따라가는 로 루트(Low Route)다. 하이 루트는 산과 계곡을 여러 번 오르내리고 거친 불모지의 황야를 지나다가 헤더꽃 만발한 들판을 건너는 등, 상당히 변화가 많고 역동적인 구간이다.

뽀송뽀송 말려진 등산화가 눈 비비고 일어난 나를 반갑게 맞아준다. 신발 벗을 때 솔솔 풍기던 역한 구린내도 없어졌다. 어제 하산길은 온통 지뢰밭이나 다름없었다. 질퍽한 수풀 속으로 몇 번이나 푹 빠져들었는지 모른다. 처음 한두 번은 얼른 발을 빼거나 지뢰밭을 피하는 심정으로 이리저리 살폈지만, 신발 속에서 발목까지 빗물이 차오른 다음부터는 이러나저러나 마찬가지였다. 발걸음을 옮기는 데에 거침이 없어졌다.

숙소에 들어와 주인장에게 넘겨진 신발은 밤새 저온 드라이어 위에 걸려 있었던 모양이다. 대개는 신문지나 휴지를 꽉 채워 넣고, 습기를 빨아들이는 게 고작인데 이런 형태의 신발 건조기를 만나는 경우는 흔치가 않다. 어제와 달리 화창하게 맑아진 아침이, 신발 덕택에 한결 더 상쾌해졌다.

숙소인 버트하우스는 비싼 만큼 꽤 럭셔리했다. 방의 시설과 구조는 조그만 호텔 못지않았고, 식당은 고급 레스토랑 분위기를 풍기는 인테리어였다. 남편 가일스 씨가 앞치마를 두른 채 조리를 하며 주방을 책임지고, 아내는 서빙과 카운터를 맡고 있다. 어제 체크인할 때처럼 오늘 아침도 역시 부부는 밝고 정겨운 모습이다. 셰프 남편이 요리하고 아내가 날라 온 음식을 받은 우리 세 사람도 덩달아 상쾌해졌다.

캐나다 벤쿠버에서 온 톰슨 씨 부부와 함께하는 아침 식탁이었다. 나는 못 알아 봤는데 부부는 날 먼저 알아봐서 아침에 잠깐 민망했다. 어제 질퍽한 습지에서 하산할 때 토니 할아버지와 잠깐 만나 서로 사진을 찍어준 부부였다. 비가 막 그치는 중에 완전무장을 풀지 않은 복장이었던 부부가, 오늘 아침 깔끔한 차림으로 바뀌었으니 내가 못 알아볼 수밖에 없었다. CTC를 20일 동안 걸어서 종주할 계획이고 끝나면 런던에 사는 아들 집에 가서 손녀를 만날 계획이란다.

"너무 귀여워!"

손녀 사진을 열고는 보고 또 보며 감탄하던 부인이 스스럼없이 핸드폰을 내게 건네준다. 밴쿠버에 사는 둘째 아들네와 런던의 장남 가족사진들이 연이어졌다. 손녀와 프랑스인 며느리에 대해서까지 노부부의 자랑 릴레이도 이어졌다. 아직도 많이 남은 일정이지만, 벌써 마음은 런던에 가 있는 부부의 마음이 고스란히 전해져 왔다. 주방에서는 가일스 씨 부부가, 식탁에서는 톰슨 씨 부부가 각자의 꿈을 보듬으며 오늘 하루의 삶을 행복하게 시작하고 있다. 나 또한 그들과 함께 덩달아 행복해졌다.

오늘 이곳 켈드에서 18킬로미터 떨어진 리스까지 가는 코스는 두 개가 있다. 해발 570미터의 산악 지대를 넘어가는 하이 루트High Route가 하나고, 스웨일 강 계곡을 따라 여유롭게 걷는 로 루트Low Route가 다른 하나다. 일장일단이 있을 것이다. 강변 계곡 길도 편안하고 운치 있어 좋겠지만, 그래도 이 화창한 날씨에 잉글랜드 요크셔 지방의 무어랜드를 밟을 기회를 하루라도 놓치는 건 나에겐 아까운 일이다. 톰슨 씨 부부는 강을 따라 로 루트로 가기로 해서 아침이 한가로웠고, 나는 하이 루트로 가기 위해 먼저 숙소를 나왔다.

마을 어귀에 붙어 있는 안내문 앞에 잠시 눈길을 멈췄다.

켈드는 스웨일데일Swaledale에서 가장 고지대에 위치한 마을이다. 'Keld'라는 이름은 '샘물'을 뜻하는 노르웨이 말 'kelda'에서 유래되었다. 이것은 스칸디나비아인들이 여기에 정착하면서 마을이 시작되었음을 의미한다. 9세기 또는 10세기쯤이었을 것으로 추정된다. 오늘날 이 마을은 도보여행객들이 국립공원으로 깊숙이 들어가는 관문이 되었다.

CTC를 걸은 지 8일째인 오늘 두 번째 국립공원인 요크셔 데일스의 복판으로 들어서고 있다. '밸리valley'와 함께 '계곡'을 의미하는 '데일dale'이라는 단어는 '구릉 지대의 넓은 골짜기'를 일컫는다. 황무지 '무어moor'나 높은 언덕과 낮은 산을 가리키는 '펠fell'처럼 잉글랜드 북부에서 주로 통용되는 단어다. 며칠 전 벗어난 레이크 디스트릭트는 이름 그대로 '호수'가 많은 국립공원이었고, 어제 오후에 들어선 요크셔 데일스는 20여 개의 계곡(데일)과 황무지 무어가 공존하는 국립공원이다.

혼자 산악 지대로 들어서지만, 산속에서 길을 잃을지도 모른다는 두려움은 며칠 전보다 많이 줄었다. 가다 보면 앞뒤로 누군가는 반드시 만날 거라는 기대가 자연스레 생겼다. 그동안의 경험으로 터득한 섭리다. 사방으로 탁 트인 무어랜드의 지형 특성에 심리적으로 마음이 놓이고 이제는 거의 적응도 되어 자신감도 생긴 터이다. 무엇보다도, 날씨가 아직까진 화창한 것이 발걸음을 가볍게 해주기도 한다.

두 시간 정도 산속 깊숙이 올라왔지만 아직까지는 실제 지형과 지도상의 표기가 잘 맞아 떨어진다. 처음 며칠 지도를 계속 보면서

메마른 대지와 초원 그리고 보라색 헤더의 장관이 끝없이 펼쳐진다. 이 광활한 무어 벌판에서 브론테 자매는 〈제인 에어〉와 〈폭풍의 언덕〉을 썼다.

도 자주 길을 잃고 헤매던 것에 비하면 장족의 발전이다. 아침에 건너온 스웨일 강이 멀리 구릉과 구릉 사이 깊은 계곡 밑으로 얇은 실핏줄처럼 보일 즈음 앞서가는 두 명의 트레커가 시야에 잡혔다. 잠시 후 내 뒤로도 남자 한 명이 배낭 없이 빠른 속도로 올라오는 모습이 보인다. 깊은 산속 외진 곳에서 나 혼자임을 절감할 때의 기분과, 멀지만 누군가와 함께 있음을 확인할 때의 안도감이란 극과 극의 차이다.

오르막이 끝나고 나면 한동안은 지평선만 보이는 대평원이다. 해발 600미터에 광활하게 펼쳐진 들판 멜벡스무어Melbecks Moor, 사방 어느 곳이나 메마른 대지와 녹색의 초원 그리고 보라색 헤더 꽃밭이 비율만 바꿔가며 배치를 달리한다.

170년 전 이 지역 요크셔에서는 영국 문학사에 길이 남을 중요한 일이 있었다. 시골 촌구석의 두 자매가 거의 동시에 소설 한 권씩을 출간한 것이다. 언니인 샬럿 브론테Charlotte Bronte가 《제인 에어Jane Eyre》를 발표했고, 몇 달 후에는 동생 에밀리 브론테가 《폭풍의 언덕》을 발표했다. 언니의 작품은 출간과 동시에 호평을 받으며 성공했지만 동생 에밀리는 출간 반응이 시원치 않은 상태에서 폐결핵으로 이듬해 생을 마쳤다. 서른 살의 짧은 생이었다.

두 자매의 문학적 토양은 어릴 적부터 살았던 벽촌 마을이었다. 이곳 요크셔의 황무지, 헤더 꽃이 초원을 덮는 이 무어랜드가 늘 작가와 함께 있었기에 《폭풍의 언덕》이라는 명작이 탄생할 수 있었다.

"내 동생 에밀리는 무어를 무척이나 사랑했어요. 동생은 무어에서 황량한 고독을 느끼면서도 진정한 자유를 맛보았어요."

샬럿 브론테는 동생 에밀리가 죽은 후 그녀의 무어 사랑이 병처럼 깊었다고 어느 편지에서 술회했다. 지금 눈앞에 펼쳐지는 이 황량한 아름다움이, 오래전 살았던 불우한 여작가의 마음을 사로잡았음을 상상해본다. 자매가 살았던 당시에도 무어의 정경은 지금과 같았을 것이다.

산을 내려와 저지대에 도착할 때 즈음, 어제 오후와 마찬가지로 영국답게 끝내 한 차례 폭우가 쏟아졌다. 산 중턱에서 급하게 우비를 꺼내 입고 정신없이 내려왔다. 스웨일 강가에 도착해 구름다리를 건너면서 비는 그쳤다. 아스팔트길에 들어서자마자 나타나는 리스는 우리의 시골 읍 같은 아담한 마을이었다.

고풍스런 건물과 도로 외에는 온통 녹색의 잔디 물결이다. 몇 군데 노천카페에 맥주나 커피 잔을 놓고 앉은 사람들이 여름날 오후의 나른함을 즐기고 있다. 방금 지나온 무어랜드는 맑은 하늘과 함께 녹색과 보라색의 병풍이 되어 마을의 배경이 되어주고 있다. 도로 옆으로는 경사진 잔디밭에 몇 개의 벤치가 있어, 연인이거나 가족인 사람들이 따사로운 햇살 아래 세상에서 제일 행복한 표정들이다. 모두가 멀리 펼쳐진 무어랜드 쪽을 바라보고 있다. '더벅The Buck'이라는 레스토랑에서 샌드위치로 늦은 점심을 때웠다.

이 근처 어딘가에 있을 줄 알았던 숙소는 생각보다는 꽤나 멀었다. 저지대 쉬운 강변길을 마다하고 산악 지대 난코스를 혼자서 잘 헤쳐 왔다는 자부심에 어깨가 우쭐해지기도 했지만, 샌드위치와 함께 마신 생맥주 두 잔 때문인지 포만감에 취기까지 더해져, 예약

숙소인 그린턴로지. 영화 〈폭풍의 언덕〉에 나오는 집 '워더링 하이츠'를 닮았다.

된 숙소를 찾아가는 발걸음은 천근만근이다.

오늘 남은 마지막 땀방울을 짜낼 즈음, 유스호스텔 그린턴로지Grinton Lodge가 신비의 고성처럼 언덕에 나타났다. 사방이 들판인 너무나 한적한 길, 언덕 너머에 과연 숙소 따위가 있기나 할까 걱정하던 차였다. 양 떼들이 한가로이 풀을 뜯는 초원 중턱에 울창한 나무숲이 보인다 싶었는데 웅장한 고성 건물이 자태를 드러냈다. '어디서 봤더라?' 잠깐 생각했다. 맞다, 영화 〈폭풍의 언덕〉에 나오는 그 집 '워더링 하이츠Wuthering Heights'를 닮았다.

"처음 이 집을 발견했을 때 누가 살았을까 궁금했다. 어떤 삶이었을까? 마음속으로 속삭임이 들려왔고 난 글을 쓰기 시작했다."

1992년 개봉된 영화 〈폭풍의 언덕〉은 작가의 이런 나레이션으로 시작된다. 오래전 소설로 읽었던 기억이 희미한 불씨로만 남아 있을 때, 극장 스크린을 통해 그 불씨가 불꽃이 되는 감동을 맛보았었다. 소설 속 히스클리프는 광기와 분노로 가득 찬 악인에 불과했고, 워더링 하이츠의 인물들은 떠도는 유령처럼 괴기스런 이미지로만 남아 있었다. 읽을 당시의 내 정신연령이나 지적 감성의 수준만큼만 이해된 탓일 게다.

광적이고 비정상적인 캐릭터로만 머릿속에 남아 있던 소설 속 인물들은, 뒤늦게 본 영화를 통해서 비로소 그들의 삶이 이해되었다. 악의 화신, 복수의 화신, 사이코 정도로 각인돼 있던 히스클리프는 평생 한 여성에게만 헌신한, 외롭고 가련한 영혼이었다. 욕심을 좇던 배신의 여인으로만 기억되던 캐서린도 그 반대였다. 사랑하는 사람을 향한 죄의식에 평생을 시달리며 살다간 그녀의 불행 또한 안타까워졌다.

소설 속 인물들의 삶이 오래전 영화를 통해 비로소 보였다면,

이번 여정에서는 그들의 삶의 터전을 내 발로 직접 밟아본다는 의미가 크다. 요크셔 지방의 황무지, 무어랜드를 직접 느껴보는 건, 영화 속 남녀 주인공의 일상을 직접 경험해보거나, 불우한 삶을 살았던 브론테 자매의 인생을 훔쳐보는 일이기도 했다. 거친 바람을 맞으며 황야를 말 달리던 히스클리프와 캐서린, 두 남녀의 모습은 '폭풍의 모습' 하면 떠오르는 대표 이미지였다. 그 황야를 배낭 메고 홀로 뚜벅뚜벅 걷는 내 모습, 얼마나 오랫동안 낭만적인 감상에 젖곤 했던가?

"아, 저 바람을 쐬어야겠어. 무어에서 불어오고 있어. 저 바람을 맞으며 언덕 위 헤더 속으로 뛰어들면 나는 꼭 다시 살아날 거야. 창문을 활짝 열어줘."

죽음을 앞둔 캐서린이 그렇게 갈망했던 그 황야와 바람은, 요 며칠의 나에겐 일상이 되었다.

경로 Keld → East Grain → Melbecks Moor → Level House Bridge → Surrender Bridge → Healaugh → Reeth
총거리 17.7km **최고 고도** 560m **최저 고도** 200m

Day 9

리치먼드

Richmond

리스에서 리치먼드까지 가는 이 구간은 스웨일 강을 따라 걷는 단조롭고 평이한 길이다. 잉글랜드 북부의 강물은 토양의 특성상 짙은 갈색을 띠고 있다. 리치먼드는 천 년 역사를 가진 도시인 만큼 리치먼드 성(Richmond Castle) 등 잉글랜드 역사의 흔적들을 둘러보는 것도 좋다.

스웨일 강은 잉글랜드 등뼈인 페나인 산맥 북쪽에서 발원한다. 이틀 전 켈드에서 만난 이 강물은 리스까지 내 옆에서 나란히 흘러왔다. 스웨일 강은 리스와 그린턴Grinton 마을의 경계선이기도 하다. 강을 건너 그린턴 마을로 넘어와서도 가파른 언덕길을 한참 더 오른 후에야 숙소인 그린턴로지에 도착할 수 있었다.

로지는 원래 200년 전 사냥터용 별장으로 지어졌다. 2차 세계대전이 끝나며 유스호스텔연합Youth Hostels Association(YHA)이 인수하여 지

금까지 유스호스텔로 활용해왔다. 기대와 다름없이 두 달 전 했던 예약은 유효했고, 카운터는 친절하고 명쾌했다. 실내를 오고 가는 투숙객들은 활기 넘치며 다정다감했다.

뉴질랜드와 영국 여행에서의 숙소는 유스호스텔 YHA가 가장 효율적인 것 같다. 예약과 정보 등 각종 시스템은 물론, 수도원 등의 고풍스런 건물들을 리모델링한 실내 분위기도 만족도를 높여준다. 물론 다인실 침대방에서 누군가의 코 고는 소리에 개의치 않을 수 있어야 한다.

스페인 산티아고 순례길에는 어느 지역에나 '알베르게'라는 편리한 도미토리dormitory(하나의 객실을 여러 여행자들과 공유하는 형태) 숙소가 있다. 수도원 같은 종교 목적이던 건물들을 개조해 만든 것들이 많아서 한 달 여정 내내 소박하지만 저렴하게 이용할 수 있다. 영국의 유스호스텔 YHA도 자유여행객들에겐 가장 저렴하면서 편리한 숙소다.

잉글랜드의 경우 전역에 걸쳐 약 180여 개의 YHA가 있지만, CTC 코스 주변에는 7개 정도밖에 없어서 아쉽긴 하다. 나머지 여정은 게스트하우스나 민박인 비앤비 또는 소박한 호텔에 비해 상대적으로 비싼 숙박비를 지불해야 하지만, 영국인들의 시골 생활 면면을 바로 곁에서 체험해볼 수 있는 기회라는 장점도 있다.

6인실 바로 옆 침대에 투숙한 개리 씨 일행을 따라 아침 9시에 숙소를 나섰다. 여성 둘과 개리 씨는 어릴 적 동창이면서 잉글랜드 중부의 링컨 시에서 왔다. 유스호스텔에 차를 세워뒀고 리치먼드까지 걸은 후 버스를 타고 다시 이곳으로 돌아올 예정이다.

걷는 내내 남녀 동창 셋은 폭풍 수다를 이어갔다. 아마도 학교 때 친구들에 대한 추억담과 이번 3박 4일 여행에 대한 이야기들이

트레커들을 위한 숙소에는
6인실 방이 흔하다.

화제인 것 같다. 몇 걸음 뒤에서 뒤따르는 나에겐, 이야기 내용보다는 세 사람의 서로 다른 목소리가 듣기 편한 화음이 되고 경쾌한 코러스 음악이 되었다.

포장도로가 끝나고 들판으로 나가는 길목에서 반가운 여성 둘과도 다시 만났다. 일주일 전 패터데일을 떠나던 아침에 산 아래 다리 위에서 사진을 찍어주고 잠깐 함께 걸은 여성들이었다. 미국 뉴멕시코에서 온 셰릴리와 그녀의 후배, 두 사람은 들판으로 나가는 길이 맞는지를 놓고 의견차이가 있던 중에 우리 일행을 맞았다.

개리 씨가 지도를 꺼내 확실하게 방향을 잡아주고 함께 출발했다. 일행은 나 포함해 한동안 여섯이 되었다가 마스케Marske 마을에서 점심을 먹고 가겠다는 셰릴리 씨 일행과 헤어졌다. 리치먼드에 가까워지면서 버스터미널 방향으로 가는 개리 씨 일행 셋과도 헤어졌다. 리스에서 리치먼드까지 오늘 걸었던 길은 마냥 수월한 편이었다. 산악 지형이 전혀 없이 해발 고도 150미터 정도만 오르내리는 길이었다.

리치먼드는 며칠 전 지나온 커비스티븐과 함께 CTC 노선상에서 만나는 가장 큰 도시다. 도시로 내려가기 직전의 언덕 중턱에는, 이 길을 개척한 앨프리드 웨인라이트의 의자가 놓여 있다. 앉으면 마냥 아늑해지는 그런 위치다. 의자 옆 큼직한 동판에는 작가의 저서 《코스트 투 코스트 워크》의 문장 일부를 새겨놓았다.

리치먼드의 황홀한 정경을 미리 볼 수 있는 곳.

이렇게 시작되는 글귀다. 작가가 이 길을 개척하던 당시 맨 처음 이 자리에 섰을 때의 느낌을 표현한 것일 게다. 동판 밑부분에는 현재의 위치를 말해주는 이정표 한 줄도 보인다.

세인트비스로부터는 113.5마일 왔고, 로빈후즈베이까지는 76.5마일 남았다.

세인트비스를 떠나던 날 아침의 웨인라이트 월 앞에서는 이 길의 개척자를 생각하게 되지만, 절반을 넘어 이곳 리치먼드 언덕의 웨인라이트 의자에 앉은 사람들은 어쩌면 자신이 걸어온 길과 앞으로 가야 할 길에 대하여 생각해보게 될 것이다.

프랑스 서남단의 예쁜 마을, 생장피드포르St, Jean Pied de Port에서 걷기 시작하여 피레네 산맥을 넘다 보면 자신도 모르는 사이에 국경을 넘어 스페인 땅으로 들어선다. 이베리아 반도의 북부 782킬로미터를 걸어 '산티아고 데 콤포스텔라Santiago de Compostela'에 이르기까지는 한 달 또는 그 이상이 걸린다. '산티아고 데 까미노Santiago De Camino' 또는 '산티아고 순례길', 전 세계 수많은 사람들이 천 년이라는 긴 역사 동안 저마다의 목적을 가지고 걸어 땀으로 다져놓은 길이다.

하루 30킬로미터 이상씩을 일주일 정도 걷다보면 몸에 슬슬 이상 신호가 오면서, 그동안 굳세던 마음도 조금씩 흔들리기 시작한다. 자신이 지금 무슨 짓을 하고 있는 건지, 산 좋고 물 좋은 우리나라 금수강산이 있는데 멀리까지 돈 들이고 와서 이 무슨 고생인지, 아직도 3주일을 더 걸어야 하는데 과연 끝까지 갈 수나 있을지, 별의별 생각으로 자신감이 바닥에 이르는 시간에 이른다. 애초에 가졌던 고상한 목표, 낭만적인 상상들은 고된 현실 속에서 뭉게구름 되어 날아가 버리고, 나약해지는 몸과 마음만 남아간다.

그냥 돌아갈까, 말까, 오락가락의 심정으로 타박타박 발걸음을 옮겨갈 때쯤, 길 왼편에 누군가 써놓은 큼지막한 낙서 한 줄에 눈길이 꽂힌다. 산토도밍고에서 그라뇽을 지나 벨로라도 마을로 들어서는 길목에서다.

그대 왜 걷는가?

Why are you walking?

배낭 짊어지고 이곳을 지나는 하루 수백 명의 순례자 모두에게 던지는 짓궂은 질문이다.

'뭐야, 왜 걷냐고? 글쎄……. 내가 왜 걷고 있는 거지?'

마라톤에서의 러너스하이Runner's High 직전처럼 극심한 무기력에 빠져있던 트레커들은 이 질문에 대한 답을 찾느라 잠시 골몰히 생각하며 걷게 된다. 그러는 사이 자신도 모르는 어느 순간에 그들은 러너스하이 지점을 벗어나 있게 된다.

그곳에서 답을 찾고 못 찾고에 관계없이 그들은 관성적으로 또는 다시 힘을 얻어 계속 걷게 되고 결국 대부분의 그들은 산티아고까지 완주를 하게 된다. 왜 걷는지에 대한 해답은 도중에 얻어내는 사람도 있을 것이고, 끝내 얻지 못하고 돌아오는 이들도 있을 것이다.

먼 길을 걷는 사람들을 떠올릴 때 '성찰' 또는 '힐링'이란 단어를 많이들 연상한다. '왜 걷는가?'에 대한 해답은 각기 다양할 것이다. 지난 삶을 돌아보려고, 인생에 뭔가 돌파구가 필요해서, 몸과 영혼을 자유롭게 하고 싶어서, 꼬여있는 난제를 풀고 싶어서, 무조건 새 출발을 하고 싶어서……. 고상한 이유도 있을 것이고 현실적인 이유도 있을 것이다. 자학하고 싶어서, 건강해지고 싶어서, 시간이 남아돌아서, 자연과 벗 하는 게 좋아서, 이유 없이 그저 그냥 좋아서…….

영화 〈와일드〉 속 여주인공 셰릴 스트레이드에게는 열거된 저 이유들 열 가지가 모두 해당되었을 것이다. 누구에게나처럼 그녀에게는 자신만이 풀어내야 할 난제가 있었다. 먼 길을 걷고 난 다음의 그녀는 구체적이든 추상적이든 그 뭔가가 확연히 달라져 있었다. 석 달간의 머나먼 길을 걸어 마침내 PCT의 종착지 '신들의 다리 the Bridge of Gods'에 섰을 때의 여주인공 모습과 표정이 그 변화를 말해준다.

그 후 그녀의 삶은 세상에 알려진 것처럼 행복에 아주 많이 가까워졌고, 그 원인은 먼 길에서 얻은 마음의 평온에 있었을 것이다. 마음의 평온은 결국은 자유로 연결되었을 것이다. 자신을 구속했던 마음속 모든 속박으로부터의 자유. 결국 '그대 왜 걷는가?'에 대한 답은 '자유를 위하여'라는 두 단어로 모아질 수도 있겠다. 자유를 통하여, 그리고 궁극적으로는 행복을 위하여.

리치먼드 시내는 그동안 이 길을 걸으며 만난 그 어느 곳보다도 붐볐다. 토요일 오후의 거리와 상가는 학생들, 연인들, 길거리 예술가와 구경꾼들로 넘쳐났다. 중심 거리인 마켓플레이스Market Place의 한 야외 카페에 앉아 생맥주 한 잔을 주문했다.

토요일 오후의 리치먼드 시내 풍경.

도시이면서도 시골스러운 정감이 넘쳐나는 분위기다. 어서 일어나 예약한 숙소를 먼저 찾아봐야지 하면서도 쉽게 자리를 뜰 수가 없었다. 따사로운 햇살 아래 뭉그적거리며 비터 두 잔째를 비우고 나니 오감이 느슨해진다. 사르르 감기려 하는 두 눈을 부릅뜨며 힘주어 일어섰지만 몸은 축 쳐지기만 한다.

숙소인 브리지다운 하우스Bridgedown House는 중심가를 벗어나 스웨일 강이 흐르는 저지대에 자리하고 있었다. 역시 오랜 이웃을 만난 것처럼 반겨주는 주인아주머니를 따라 2층의 빈 방 하나로 안내되었다. 게스트하우스나 유스호스텔 같은 저렴한 다인실 숙소를 찾지 못해 두 배의 비싼 값을 치러 예약한 독방이다. 정갈하고 깨끗한 실내야 어디나 그렇지만, 가로 세로 두 면의 창으로 가득 내려다보이는 정원이 평화롭기 그지없어 마음에 들었다. 새들이 잔디 위를 누비고 이름 모를 꽃들과 크지 않은 나무들이 숲을 이룬 정원이었다.

그동안의 여행을 통해서 의식주에 대한 생각은 나름대로 중심이 잡혔다. '복장은 실용적으로, 먹는 것에는 아끼지 말고, 잠은 대충 아무 데서나'라는 기준이지만, 비싼 숙소는 역시 그에 상응하는 가치가 있다. 배낭을 풀어놓고 샤워와 함께 간단한 손빨래 몇 개 끝내고 나니 여느 때처럼 마냥 나른해졌다. 노천카페에서 생맥주 마시며 무겁기만 했던 눈꺼풀이 다시금 슬금슬금 감겨온다. 리치먼드에서의 금쪽같은 몇 시간, 곧바로 다시 시내 중심가로 나가 돌아다닐 작정이었지만 눈꺼풀에는 이미 커다란 돌덩이 두 개가 매달려버렸다. '잠깐 눈 좀 붙였다가 나가자.' 잠속으로 빠져들면서 애써 다짐했던 것 같다.

눈을 떴을 때 창밖은 이미 어두워져 있었다. 부리나케 겉옷을 챙겨 입고 밖으로 나왔다. 하루 더 머무를 가치도 있는 도시지만, 내일부터 이어진 숙소들이 줄줄이 예약되어 있어 그럴 수도 없는 일이다. 잠들어 있던 두 시간이 몹시도 아까워진다.

경로 Reeth → Marrick → Marske → Paddy's Bridge → White Cliffe Wood → Richmond

총거리 16.9km **최고 고도** 320m **최저 고도** 110m

Day 10

댄비위스크

Danby Wiske

CTC 코스 중 가장 평탄한 구간이다. 콜번에서 브롬턴온스웨일까지는 스웨일 강을 따라 걷다가, 캐터릭브리지(Catterick Bridge)를 건너면서 강과 헤어진다. 잉글랜드 북부의 전형적인 시골 마을의 정취를 여실히 느낄 수 있다.

"들어가서 맥주 한잔 마실 수 있나?"

얼떨결에 나온 질문이었다. 리치먼드 캐슬을 벗어난 상가 골목을 걷다가 어느 한편에서 들려오는 밴드 음악 소리에 이끌려 왔었다. 낮잠도 두 시간 잤겠다, 오늘 저녁은 이 라이브 카페에서 좀 늦게까지 록 음악에 취해보리라는 마음에서였다.

"물론이다, 당신이 원한다면."

입구에서 내 질문을 받은 정장 남자의 대답은 화통하고 경쾌했다. 이어지는 그의 한 마디.

"지금 나의 결혼식 피로연 중이다."

화들짝 놀라며 뻘쭘해하는 나를 남자가 장난스런 표정으로 바라본다. 문틈으로 빠끔히 보이는 실내는 밴드 음악이 연주되는 건 맞지만 카페가 아닌 연회장임을 알 수 있었다.

라이브 음악을 연주하는 카페로 잘못 알았다며 돌아서는 나를 그가 멈춰 세웠다. 안에서 신부 옷차림의 아내와 조그만 여자아이를 부른다. 자기 대신 입구에서 손님을 맞이해달라 부탁하곤 나를 끌고 앞서 나간다. 내가 찾는 그런 라이브 펍Pub이 인근에 있다며 안내해 주겠다는 것이다.

아내를 만난 지 10년 만에 치르는 결혼식이란다. 새신랑의 모습은 아니었지만 아내와 어린 딸, 세 가족을 이끌어가는 남자의 모습이 듬직해 보였다. 평생에 한 번 있는 좋은 날, 길을 잘못 찾아온 동양인 한 사람을 잘 안내해주는 게 가족의 행복과 연결된다고 남자는 믿고 있을지 모른다. 인생의 산전수전을 죄다 겪었음직한 인상이다. 늦깎이 신랑과 신부 그리고 어린 딸, 잉글랜드 요크셔의 리치먼드에서 만난 세 가족의 얼굴이 오래 기억에 남을 것 같다.

안내받는 게 민망할 정도로 가까운 거리였다. 신랑 남자가 안내한 라이브 카페는 바로 옆 건물에 있었다. 이름도 근사하다. '골든 라이언Golden Lion'. 소위 말하는 브리티시 펍British Pub, 우리 동네 소박한 호프집과 럭셔리한 카페의 중간쯤 되는 규모와 분위기였다. 테이블이 모자라 여기저기 걸터앉거나 기대선 채 얘기 나누며 술 마시는 사람들이 많다는 게, 우리 동네와 다를 뿐이다. 카운터 앞은 북적거리는 가운데 목소리 큰 사람 순서대로 주문을 받고 생맥주 한 잔씩이 건네진다. 선 채로 손이 바쁜 웨이트리스와 한참 후 겨우 눈이 마주치면서 내 차례가 되었다.

카운터 위에 맥주 브랜드 두 개가 눈에 들어왔다. 뱅크스 비터Banks's Bitter와 스웨이츠 웨인라이트Thwaites Wainwright, 선택의 여지가 없이 당연히 후자였다. 맥주 맛을 따지고 자시고 할 일은 아니었다. 앨프리드 웨인라이트가 개척한 이 길 CTC를 걸으면서, 그에게 헌정해 만들어진 브랜드의 맥주를 마시는 건 당연하지 않은가.

펍의 실내는 북적대고 소란스러웠다. 맥주잔을 들고 있는 사람들 목소리에 취기가 실리는 게 또렷이 감지되면서, 내 생맥주 잔도 세 번째가 되었다. 옆 사람들과의 통성명 같은 건 필요가 없었다. 30여 명쯤 모인 술집 안에서 동양인 한 명쯤은 특별한 주목의 대상은 아닌 모양이었다. 어디서 왔느냐? 여행 중이냐? 웨인라이트 맥주 맛 어떠냐? 간단한 단답형 질문들이 오가는 대화만으로 서로 잔을 부딪쳐 건배를 하고 오랜 친구를 만난 양 자연스럽고 유쾌해졌다.

한쪽에서 갑자기 "우~" 하는 소리와 박수가 터지며 사람들 시선이 무대로 쏠렸다. 밤 9시가 된 모양이다. 기타 두 명과 드럼 그리고 보컬, 네 명의 훤칠한 남자들이 무대에 섰다 싶었는데 곧바로 강한 비트의 기타 연주가 시작된다. 우레와 같은 박수와 환호가 동시

CTC 트레커라면 당연히 웨인라이트 맥주를 마신다.

에 터졌다. 나도 모르게 모두들처럼 환호하며 박수를 치고 있었다. 건스앤로지스Guns N' Roses의 'Sweet Child O' Mine'이란 곡. 오프닝 기타 연주가 오리지널보다 많이 어설프다고 느껴졌지만 이런 소박한 무대에서 그런들 어떠랴. 영국의 한 아마추어 밴드가 연주하는 미국 밴드의 곡에 한국인 한 명이 포함된 30여 명의 손님들이 열광하기 시작했다.

지난 밤 골든 라이언에서의 두 시간 반은 몇 년 만에 참석한 초등학교 동창회처럼 오래 남을 추억이 될 것이다. 집을 떠난 지 2주일 만에 라이브 음악과 함께 과음했고 충분히 흥겨웠다. 잉글랜드 북부 내륙을 걷는 동안은 이런 라이브 연주가 있는 카페를 발견하기란 쉽지가 않다. 이 노선상에서 가장 큰 도시여서 가능했을 것이고 앞으로도 걷기를 마치기까지는 기회가 별로 없을 것이다.

리치먼드와 멀어지면서 요크셔 데일스 국립공원과도 완전히 이별이다. 첫 번째 국립공원 레이크 디스트릭트에 이은 두 번째 국립공원을 벗어나는 것이다. 며칠 전 켈드에서부터 계속 만나고 헤어지고를 반복하던 스웨일 강과도 헤어졌다. 오늘과 내일 이틀 동안 시골마을 몇 개를 지나면 세 번째 국립공원 노스요크무어스를 만나게 된다. 그리고 사흘간 무어랜드를 걷고 나면 북해를 바라보는 로빈후즈베이에 이른다.

산악 지형이 없는 만큼 리치먼드를 벗어난 이후의 길은 계속 편안해지고 있다. 편안하다해서 마음 졸이는 일까지 없는 건 아니다. 도시를 벗어나 한 시간쯤 지난 후 숲속 한적한 길에서 혼자 잠시 조마조마했다. '위험! 군사 훈련 지역. 루트 이탈 금지!'라는 안내판을 보고 나서였다. 총소리가 나는 것도 아니고 누가 와서 잡아갈 것도 아닌데 단지 나 혼자여서 혹시 길이라도 잘못 들면 어쩌나 하는 소심증 탓이다. 어느 순간, 마라톤을 하는 반바지 차림의 여성이 땀 뻘뻘 흘리며 휘익 지나간 것뿐인데도 휴우 안도가 되었다.

콜번Colburn 마을 농장에서는 동네 개에게 물리는 줄 알고 식겁했다. 100여 미터 멀리 건초더미 위에 누워 있던 큼직한 개 한 마리 때문이었다. 갑자기 일어나 짖어대며 나를 향해 달려오는 것이다. 낮잠 즐기는데 나 때문에 잠이 깼다고 기분이 나빴던 모양이다. 순간적으로 배낭을 내려놨다. 스틱에 모자를 걸어 높이 들곤 그를 향해 마주 섰다. 눈을 부릅뜨며 한판 붙을 태세를 취했다. 산 속에서 곰이나 멧돼지를 만나면 도망치지 말고 마주 보며 노려봐야 한다고 들었다. 우산 같은 걸 높이 펴서 들고 있으면 상대가 자기보다 크다고 생각해 감히 공격해오지 못한다고 했다.

간이 콩알만 해지고 오금이 저려오지만 티 내지 않으려 이를 악물며 눈을 부릅떴다. 달려오던 녀석은 10여 미터 앞에서 슬그머니 멈추곤 우렁차게 짖어대기만 한다. 앞서 가던 트레커 부부도 개 짓는 소리에 놀라 뒤돌아보고는 양손에 스틱을 휘두르며 내 쪽으로 달려와 주었다. 덩달아 건초 쪽에서 개 주인인 듯한 남자가 허둥지둥 달려오고 나서야 개는 양순해졌다. 주인이 여러 말로 사과를 해왔지만 나의 어떤 점이 녀석의 마음에 안 들었는지 도무지 영문을 알 수가 없다.

나를 도우려 되돌아와 준 트레커 부부도 뉴질랜드에서 왔다고 했다. 한 시간 전에 만나 지나치며 서로 눈인사만 했었다. 다시 걷기 시작하며 한국인이라고 내 소개를 하자 부부가 몹시 반가워한다. 남편은 자신을 킴Kim이라고 소개했다. 자신의 이름이 한국에서 아주 일반적인 성씨임을 잘 알고 있었다. 그들 부부가 5년 전 서울에 여행 와서 3일을 머물렀던 이야기가 화제가 되기도 했고, 나는 며칠 전 산 속에서 길을 잃었다가 뉴질랜드인 형제를 만나 도움받았던 일을 꺼내면서 뉴질랜드인들에 대한 고마운 마음을 이야기했다.

한동안 안 보이다 다시 만난 스웨일 강가에서 부부와 헤어졌다. 준비해온 샌드위치 점심을 먹고 가겠다고 했다. 대개의 트레커들은 아침에 출발하면서 숙소에 주문하여 점심용 샌드위치를 준비

영국 내륙의 전형적인 마을 풍경. 전원과 꽃으로 둘러싸여 있다.

해 간다. 서양식 샌드위치가 그다지 맛있지 않은 나는 점심만큼은 이런저런 간식으로 대충 때우고 있다.

다시 혼자 걷게 되고 잠시 후 길이 애매해졌다. CTC 횡단 중에 만나는 두 번째 고속도로, 런던과 에든버러를 잇는 A1 도로 근처에서였다. 지도에 표기된 것과는 달리 길이 막혀 있어 한동안 이리저리 왔다 갔다 헤매게 되었다.

국도의 고가 밑 스웨일 강변에서 낚시를 하던 남자 셋이 나를 향하여 손을 흔들며 부른다.

"이봐, 이봐, 그길 아니야!"

반가운 마음으로 그들 쪽으로 달려갔다. 대부분 트레커들이 나처럼 그쪽에서 그렇게 헤맨다며 바른 길 방향을 말해줬다.

"그대 왜 걷는가?" 트레커들이 늘 받는 질문이다. 걸으면서 답을 생각해본다.

잠시 쉬어가기로 하고 배낭을 내려놨다. 그들이 낚시하는 모습을 구경하고 싶어졌다. 셋 중 한 명이 강물 속에서 어망 하나를 꺼내 들었다. 손바닥 하나 반 정도의 물고기 두 마리가 어망 속에서 파닥거리고 있다. 오전에 낚은 거라며 의기양양하게 자랑한다.

2015년 8월을 하루 남겨둔 여름날이다. 일요일 오후, 캐터릭 다리Catterick Bridge 앞 스웨일 강변은 따스하고 평화롭기만 하다.

강변을 벗어나 시골길로 들어섰다. 볼턴Bolton 마을에서부터 스트리트램Streetlam 마을을 지나 댄비위스크까지 두 시간도 인상 깊은 길이었다. 좁은 1차선 포장도로에 두 시간 동안 차는 한 대도 지나지 않았다. 도로 양옆으로 높지 않은 수풀이 우거져 있고 그 너머로 한쪽은 드넓은 밭에 다른 한쪽은 울창한 나무숲이다. 밭에는 추수를 끝낸 건초더미들이 멋진 미술조형물처럼 층층이 쌓여져 있다.

숲에서는 늦여름 새들이 내 발자국 소리에 놀라 짹짹거리며 날아오른다. 헬멧에 완전무장을 한 사이클족들이 둘씩 서넛씩 무리를 지어 지난다. 그들이 달리며 불어대는 휘파람 소리가 새소리와 함께 상쾌하게 청각을 자극한다. 내가 그들을 피할 필요도 없었고 그들이 알아서 천천히 아주 천천히 내 옆을 지나쳐 간다.

아무런 상념 없이 그저 머리를 텅 비우고 걷는 길이다. 가끔은 눈 감고 걸어도 좋은 길이다. 마냥 편하고 포근한 길. 헨리 스테드먼 Henry Stedman의 가이드북 지도에는 이 길에 별도의 이름을 표기하지 않았다. 대신에 한 줄 문장으로 이 길을 표현하고 있다.

도로가 맞긴 맞다, 그러나 너무나, 너무나 고요한 길이다.

It may be road, but it is at least a very, very quiet one.

경로 Richmond → Colburn Village → Brompton on Swale → Catterick Bridge → Streetlam → Danby Wiske

총거리 22.7km **최고 고도** 110m **최저 고도** 30m

3

노스요크
무어스

North York Moors

Day 11 ~ Day 16

Osmotherley

Clay Bank Top

Blakey Ridge

Grosmont

Hawsker

Robin Hood's Bay

Whitby

Day 11

오스머덜리

Osmotherley

시골 밭을 가로지르거나 들판을 지나는 일이 많고, 길 표시도 명확치 않아 코스를 이탈하기 쉬운 구간이다. 철길도 두 번 지난다. 잉글비 안클리프로 넘어가는 A19 고속도로는 CTC 전 구간 중 가장 위험한 지점이다. 교통량이 몹시 많고 빠르므로 신중하게 건너야 한다.

간밤은 별 때문에 잠을 설쳤다. 식사 끝내고 누워 무거운 눈꺼풀과 씨름할 때만 해도 초저녁 밤하늘은 구름 가득한 어둠뿐이었다. 약한 오줌보 덕택에 한밤중 눈이 떠졌고, 군데군데 구름이 걷힌 공간에 별들이 반짝이고 있었다. 잠자리에서 눈 말똥말똥 뜨고 별을 바라본 지가 언제였던가.

댄비위스크 마을 입구에 들어서면 맨 먼저 하얀 외벽의 '백조 여관'이 눈에 들어온다. 두 달 전에 예약해뒀던 '화이트스완 인The

White Swan Inn'이다. 내가 하룻밤 지낼 2층 방의 천장은 45도로 경사가 져 있었다. 천장이면서 지붕의 일부인 아래쪽 유리창을 반쯤 열어 놓으니 북부 잉글랜드의 한여름 밤공기가 침대 위로 스멀스멀 내려앉는다.

네모난 창은 검정색 캔버스가 되고 그 위에는 은하수를 닮은 밤하늘 구름이 몇 점, 구름을 닮은 은하수 몇 점이 휙휙 휘갈겨 그려져 있다. 희미한 그들 사이사이로 노란 별들이 점점이 박혀 빛나고 있다. 밤하늘의 별들을 고인돌에 옮겨 그렸던 그 옛날의 원시인 한 명을 떠올리며 한밤의 감상에 젖어들고 시인의 마음이 되어간다.

2015년 8월의 마지막 날이 시작되는 새벽 2시. 바닷가 모래사장, 오른손으로 모래 한 움큼 집어 한 알 한 알씩 세어보면 모두 몇 개나 될까? 구름 사이사이로 반짝이는 저 별들과 내 시야를 벗어난 별들을 모두 합치면, 이 지구상 모든 해변에 늘어진 모래알을 합친 수보다 많을 것이라 한다.

우주 속에 견주어 모래 한 알에 불과한 이 지구라는 행성이다. 그 행성 한 귀퉁이에 누운 이가, 별을 그리는 원시인의 심정이 되어 감상에 젖어든다. 행성의 반대편, 그가 떠나온 집과 그가 사랑하는 사람들을 헤아려보며 다시 꿈속으로 빠져든다. 캔버스 위에는 별빛 노란 점들이 하나 둘씩 사라지며 은하수 같은 구름 몇 점과 새벽 여명이 그 위를 덮어간다.

늦은 새벽부터 비가 내린 모양이다. 잠시 뒤돌아보면 멀리 뿌연 안개에 싸인 댄비위스크, 북부 요크셔의 한 시골 마을은 아담한 스펀지가 되어 스멀스멀 가랑비를 빨아들이고 있다. 거추장스럽게 우비를 꺼내어 뒤집어쓸 정도는 아니어서 한 손엔 스틱, 다른 한 손엔 우산을 펼쳐들고 걷는 기분도 그럴싸하다.

'영국인데, 뭐 이 정도 비쯤이야…….'

우기임을 감안하면 여행 오기 전에 걱정했던 것보다 비가 온 빈도는 훨씬 적었다. 산 위에서 몇 번 폭우를 겪어봤기에 이제 영국의 보슬비 정도는 다정한 친구나 다름없이 되었다.

아침의 시골 아스팔트 도로에 인적이라곤 없다. 집 몇 채만 덩그러니 서 있는 오크트리 힐Oaktree Hill부터 포장도로가 끝난다. 숲길로 들어서면 잠시 후 밭길이 이어진다. 길 표시가 전혀 없는 밭 복판에서 한동안 헤매었다. 넓은 밭 한가운데를 가로질러 가야 하는데, 안내 표지도 길의 자욱도 보이질 않으니 방향만 대충 감 잡고 나아가는 것이다. 가끔씩 이런 구간이 있었다. 지도의 표기와 실제가 애매모호하거나 잘 안 맞는, 그래서 가이드북 지도가 별로 도움이 안 되는 날, 오늘도 그런 날이다.

멀리, 달리는 기차가 보이는 방향으로 가다가 비로소 길 표지 하나를 만났다. '코스트 투 코스트'. 기찻길 앞 바위에 배낭을 내리고 걸터앉았다. 휴우, 길을 잘못 들지는 않았다. 남쪽의 요크 시와 북쪽의 미들스브러Middlesbrough를 연결하는 철길 바로 앞, 기차 차창

안 사람들과 손 흔들며 인사하기에 안성맞춤의 거리다.

안전에 유의하라는 표지판 경고문에 충실히 따랐다.

멈춰서 잘 살피고, 기차 소리를 잘 들으세요.

30분을 쉬면서 기다렸지만 철길 위는 정적뿐이다. 기차 여행하는 사람이건 길을 걷는 사람이건, 오늘은 아무도 만나기 어려운 날인가 보다.

길을 가로지르는 조그만 위스크 강River Wiske 주변 삼거리에서 비로소 사람을 만났다. 부부인 모양이다. 커다란 나무 밑에 앉아 오손도손 샌드위치를 먹고 있었다. 다가서며 서로 눈인사가 있었고, 남자가 가까이 오라는 손짓을 해온다.

여행지에서 언제부터인가 나는 남들의 호의에 사양을 할 줄 모르게 되어버렸다. 아내분이 보온병에서 따뜻한 차를 한 잔 따라 건네줬다. 어디서 왔느냐, 로빈후즈베이까지 가느냐, 며칠을 계획하고 있느냐, 통상적인 질문과 대답이 오고 갔다. 한국을 잘 모르는 부부에게 나는 한국의 사계절과 금수강산이 어떻게 뚜렷하고 얼마나 아름다운지 자랑했고, 부부는 영국의 비가 얼마나 잦고 친근한지를 얘기했다. 배낭에서 알사탕 세 알과 초콜릿 하나를 꺼내어 나눠 먹고 부부와 헤어졌다. 남편은 연두색, 아내는 붉은색의 자켓이 커플룩처럼 딱 어울리는 부부였다.

정적이 흐르는 철길. 일단 멈추고, 주위를 살피고, 귀를 기울이라는 표지판.

우산은 썼지만 가랑비에 조금은 서늘해졌던 몸이었다. 부부에게 얻어 마신 따뜻한 차 한 잔 덕분에 금세 훈훈하게 데워졌다. 발걸음도 한결 가벼워졌다. 역시 사람이란 오래 혼자이면 쓸쓸하다. 잠시의 소소한 만남에 마음이 밝아지고 기분도 경쾌해졌다.

롱랜즈 농장Longlands Farm을 지나면 세상에서 가장 위험한 도로가 가로놓여 있다. 육교도 없고 건널목도 없지만 요령껏 건너야 하는 길이다. 지금까지 잉글랜드 남북을 이어 스코틀랜드까지 연결되는 도로를 두 번 건넜다. 한 번은 샤프를 출발하던 날, 맨체스터와 글래스고를 잇는 M6 고속도로였다. 또 한 번은 런던에서 에든버러를 잇는 A1 국도였다. M6 고속도로는 멋들어진 고가 위를 유유히 건넜고, 어제의 A1 국도는 적막한 다리 아래를 안전하게 지났다.

오늘 만나는 A19 국도는 건너기 절차가 다소 복잡하다. 일단 길 앞 30미터 전방에 서서 심호흡을 크게 세 번은 해야 한다. 그리곤 고개를 좌우로 돌려가며 지나는 차들이 뜸해지기를 기다린다. 뜸해졌다 해도 한 번에 뛰어 건너선 위험하다. 건너려 시도하다가 도로 눌러서기를 서너 번쯤은 해주는 게 좋다. 자동차들이 질주하는 속도감은 서울 부산 간 고속철의 그것과 닮은 것 같다. 양편 모두 잠시 차량이 뜸해진 틈을 노려 빛의 속도로 길을 달려 건넌다. 그리고 한숨 돌리면 다시 안전하고 한적한 시골길이 기다린다.

잉글비 안클리프에 오신 것을 환영합니다.

잉글비 안클리프는 꽃의 마을이다. 입구에서부터 빨강 노랑 분홍의 아기자기한 꽃들이 동네 입구에서부터 반겨준다. 길 옆 아무데서나 자연스레 핀 꽃들인데도 누군가에 의해 잘 가꾸어진 모양새들이다. 집과 울타리에도, 정원에도, 대문 앞에도 이름 모를 예쁜 꽃들로 화사한 마을이다.

잔디밭 위에 우뚝 서 있는 식수탑이 우리의 첨성대랑 비슷한 형태다. 주변을 잠시 서성여봤다. 그 옛날 이 마을에 물을 공급하기 위한 수단의 일환으로 세워졌다. 지금은 무용지물 조형물에 불과하지만 100년의 역사를 가지고 있다. 그냥 방치되어 있는 게 아니라, 이 지역의 물의 역사와 오래전 사람들의 삶을 생각게 해주는 유물로 남아 있다.

인접한 마을 잉글비 크로스Ingleby Cross를 지날 때는 사거리 복판에 우뚝 솟아 있는 십자탑이 인상 깊었다. 이 지역을 지키다 희생된 군인들을 기리는 전쟁기념탑이다. 탑 아래에는 붉은 인조 꽃다발이 놓여 있다. 주변의 드넓은 잔디밭이 이 마을에서의 탑의 위상을 말해주고 있다. 식수탑이건 전쟁기념탑이건 앞서 살았던 사람들의 개척과 희생에 감사하고, 두고두고 잊지 않겠다는, 후세 사람들의 마음이 녹아 있다.

잉글비 크로스를 벗어나면서 숲속 오르막이 이어진다. 산길을 구불구불 오르고 오르다 보면 넓은 정원을 가진 펜션 건물이 나타난다. 지도를 잘못 본 건지, 엉뚱한 길을 한참 헤매고 난 후다. 지도상에도 표기되어 있는 파크하우스 비앤비Park House B&B, 이곳에 예약했으면 얼마나 좋았을까.

오늘의 숙소는 위치로 볼 때 예약이 잘못되었음을 직감할 수 있었다. 지금까지 예약했던 숙소는 대체로 노선 주변에 있어서 찾아가는 위치도 그렇고 모든 면에서 만족스러웠다. 오늘의 숙소는 CTC 루트에서 너무 많이 떨어져 있다는 걸, 지도를 보고 또 보는 이제서야 알게 되었다. 두 달 전 예약할 때 더 상세히 확인했어야 했다. 당연히 노선상에 가까운 줄 지레짐작한 착오였다.

GPS가 있으면 금세 찾아갈 수 있는 숙소를, 종이 지도만 가지고 산속에서 한 시간 반을 헤매다가 겨우 찾아갈 수 있었다. 유스호스텔 오스머덜리를 찾아오기까지 헛수고는 많았지만, 도중에 만난 광활한 정경이 너무 좋아, 헛된 수고를 상쇄하고도 남았다.

마을 곳곳에 심어놓은 꽃들로 화사한 잉글비 안클리프.

해발 200미터가 넘는 안클리프 숲Arncliffe Wood 동쪽 능선에 이를 때, 숲에 막혔던 시야가 확 트였다. 산 아래 쪽으로 광활한 대지가 시원스레 펼쳐져 있었다. 잉글랜드 북부 노스요크셔 주의 동쪽 땅 절반의 정경이었다. 뿌연 안개에 가려진 수평선 너머에 꿈처럼 아련하게 북해 바다가 보이는 것도 같다.

잉글비 크로스를 지나면서 세 번째 국립공원인 노스요크무어스가 시작되는 가장자리에 막 들어서는 것이다. 이제 남은 마지막 사흘을 걸어갈 땅. 마을과 마을의 평지를 벗어나 마지막 산악 지대로 들어서는 것이다.

경로 Danby Wiske → Oaktree Hill → A19 고속도로 → Ingleby Cross → Arncliffe Wood → Osmotherley

총거리 16.1km **최고 고도** 140m **최저 고도** 30m

Day 12

클레이뱅크 톱

Clay Bank Top

잉글비 크로스를 지나면 CTC의 세 번째 국립공원인 노스요크무어스가 시작된다. 다섯 개의 산을 오르내리는 가장 힘든 구간이다. 날씨만 화창하면 헤더꽃 만발한 무어와 사방이 확 트인 장관을 볼 수 있는 구간이기도 하다. 이 구간의 세 번째 산인 콜턴 무어 정상에서는 북해가 처음으로 시야에 들어온다.

'비가 좀 그쳐줬으면…….'

꿈결에서도 맑은 날씨를 소망해서인지 아침은 화창하게 개어 있었다. 유스호스텔 앞 조그만 폭포는 밤새 쏟아져 내린 빗물을 모아 우렁찬 함성을 뱉어내고 있다. 아침 햇살이 맑았으나 하늘의 절반만 푸르렀고 나머지 절반은 여전히 시커먼 먹구름이다. 밤하늘을 지배했을 비구름들이 동쪽에서 솟아오른 햇살에 밀려 점차 서쪽으로 내쳐지는 형국이다.

저렴한 가격만 염두에 두곤 루트에서 얼마나 벗어났는지는 확인 않고 숙소 예약했다 보니, 어제 왔던 길을 다시 40분 거슬러 올라가고 나서야 CTC 코스로 들어설 수 있었다. 남동에서 북동 방향으로 획 꺾이는 지점인데, 가이드북 지도에는 이곳이 'relentlessly uphill'이라고 표기되어 있다. 생소한 단어라서 핸드폰을 꺼내 사전을 검색해봤다. '무정하게, 가차 없이'라는 뜻으로 풀이되어 있다. 아침이라 아직은 발걸음이 가벼워서인지 그다지 '무정하거나 가차 없는 오르막'이라곤 느껴지지 않는다. 딱딱한 일반 지도에는 사용하지 않는 이런 싱겁지만 운치 있는 표현들이 가끔씩 정겨움과 웃음을 가져다준다.

아침 햇살을 정면으로 맞으며 언덕을 오르고 오르던 어느 순간, 눈 아래 낙원이 펼쳐진다. 아담과 이브가 누볐을 에덴동산이 이런 모습이었을까? 야트막한 구릉과 능선이 겹겹이 반복되고, 중간중간 기다란 돌담들이 엄격한 경계를 만들고 있다. 드넓은 초원은 보라색 물결로 넘쳐나는 중이다. 찬란한 경관이다.

황무지, 무어랜드의 헤더꽃 물결. 그 물결을 가르는 얇고 가느다란 사잇길에는 많지는 않지만 형형색색의 트레커들이 앞서가고 있다. 모두가 저 멀리 보이는 지평선을 향해 가고 있다. 북해 바다가 멀지 않았음을 나처럼 모두가 느끼고 있을 것이다. 며칠 후 도착할 해안 절벽과 그 위에 서 있을 나의 모습이 머릿속에 조금 더 선명해진다.

비로소 세 번째 국립공원에 들어섰다. 아침에 떠나온 오스머덜리에서, 북해를 바라보는 로빈후즈베이까지 펼쳐진 광활한 산과 산 그리고 초원이다. 잉글랜드 요크셔 험버 주의 북동 지역을 이루는 거대한 황무지 무어랜드, 노스요크무어스 국립공원이 시작되었다.

앞으로 만날 수많은 무어들 중에서 오늘 하루에만 다섯 군데를 지나야 한다. 에덴동산이 연상됐던 '스카스우드무어Scarth Wood Moor'는 초원을 지나 잠시 산속 오솔길까지 연결된다. 눈이 즐겁고 발걸음이 가벼워 단숨에 날아서 지난 건지, 어느 순간 이미 첫 번째 무어는 끝나 있었다.

농가 주택 몇 채와 농장 몇 개가 전부인 시골 마을로 들어섰다. 휴스웨이트 그린Huthwaite Green 마을 언저리에는 기다란 벤치 하나가 트레커들을 기다리고 있다. 배낭을 내려놓고 한숨 돌리며 잠시 주변을 둘러보고 나면, 벤치 등받이 동판에 새겨진 문장 한 줄에 눈길이 간다. 그동안 여러 번 보아왔던 그런 형태다.

이곳을 사랑했던 사람, 이안 질의 소중한 추억을 기리며.

15년 전 58세의 나이로 세상을 떠난 어떤 여인의 자취가 여기 이렇게 남아 있다. 간밤 빗소리에 깨었거나 다시 빗소리에 잠들며, 내가 꿈을 꾸었듯이 그 누군가도 가끔 이 벤치에 앉아 그리운 이를 꿈꾸듯 추억하곤 했을 것이다. 누군가의 아내였거나 누군가들의 어머니였을 한 여인의 모습이 그려진다.

두 번째 황무지 '라이브무어Live Moor'는 정상에 있는 전망대까지 해발 200미터를 더 올라야 한다. 완만하지만 그다지 간단치는 않은 오르막 돌담길이 길게 이어진다. 이마에 땀방울이 송골송골 맺히며 힘이 슬슬 부친다고 느껴질 때쯤이면 시원한 정상이다.

세 개의 돌무덤이 약간의 거리를 두고 이어져 있다. 언제나 그렇듯 산 정상에서 만나는 돌무덤에서는 왠지 모르게 묘한 영적 기운이 느껴진다. 그런 내 느낌과는 아랑곳없이 돌무덤 주변에 모여 앉은 사람들 표정은 그저 가볍고 태평스럽다. 배낭을 등지고 그들 주변에 비스듬히 누웠다. 생수를 꺼내 꿀꺽꿀꺽 서너 모금 마셨다. 땀을 식히는 휴식처이기도 하면서 요크셔 지방의 북쪽이 한눈에 내

라이브무어 정상의 돌무덤과 콜턴무어 정상의 경계석.

려다보이는 근사한 전망대다.

내리막이 길게 이어지고 나면 잠시 후 다시 오르막, 점점 힘이 빠져간다. 무어랜드의 산을 오르고 내리고 반복이다. 세 번째 황무지 '콜턴무어Calton Moor'의 정상은 해발 408미터, 지역을 가르는 경계석인 두 개의 돌기둥이 정상 복판에 자리 잡고 있다. 북쪽 멀리에 수평선과 지평선이 평행선을 긋고 있는 사이가 바로 그 바다다. 북해가 보인다.

아이리시 해를 바라보며 세인트비스를 떠난 지 12일 만이다. 잉글랜드 횡단의 반대편 바다가 희미하게나마 처음으로 시야 안에 들어오는 날이다. 지도에 따르면 지평선 아래쪽으로는 유명한 공업지구인 티스사이드Teesside와 대도시 미들스브러인 듯하다. 날씨만 더 맑으면 잉글랜드 북부의 거대한 산업 시설들의 위용이 어떠할지 그 형체가 조금 더 선명히 보일 수 있을 위치다.

다시 기다란 내리막이 끝나고 나면 쉬어가는 산속 카페 '로드스톤스Lord Stones Cafe'다. 녹차 한 잔에 바나나와 샌드위치로 간단한 점심, 그리곤 다시 가파른 오르막이다. 네 번째 황무지 '크링글무어Cringle Moor'의 하늘은 높이 떠 있는 빨강색 패러글라이더들로 그 푸르름이 더 선명해진다. 짙은 녹색과 진한 보라색의 무어랜드가 산을 뒤덮은 그 위로, 흰 구름과 푸른 하늘 위를 파도타기하듯 미끄러지는 패러글라이더들. 두 팔을 흔드는 내 모습을 내려다보며 고개를 끄덕여 답하는 것 같기도 하다.

해발 435미터인 정상에는 거인국 임금이 앉았을 법한 거대한 돌의자가 북해 쪽을 향하여 놓여 있다. 돌의자에 앉은 동안만큼은, 시야에 들어오는 대지와 그 위의 생명들 모두가 나의 두 발 내 지배 아래다. 지금까지 내 땀과 에너지를 뿌려놓은 북서쪽의 산과 벌판들이 있고 아직 가본 적 없는 북동쪽 도시와 북해 바다가 친근하게 시야 가득 들어온다.

돌의자에서 혼자 임금님 놀이를 즐기다 일어설 즈음, 산 중턱에서 낯익은 여성 둘이 낑낑 올라오는 모습이 눈에 들어왔다. 다시 배낭을 내려놓고 잠시 기다리기로 했다. 그녀 둘이 임금의자 앞까지 도착하는 데는 10분이 채 안 걸렸다.

"와우, 누들스 리!"

웃는 얼굴로 자신들을 내려다보는 나를 발견하곤 둘 중 한 명이 반가운 목소리로 외쳤다.

"하이, 셰릴리! 웰컴 투 마이 월드."

"누들스! 왜 아직도 여기냐? 더 멀리 갔을 거라 생각했다."

"당신 둘이 올 줄 알고 여기서 기다린 지 오래다."

둘은 미국 뉴멕시코에서 왔다. 누구에게나 거리낌이 없고, 격의 없이 대화를 리드하는 그들은 전형적인 미국인이다. 셰릴리와 그녀의 학교 후배 킨시, 3주간 휴가를 얻어 이 길을 걷고 있다. 9일 전 패터데일을 떠나던 날 아침, 산 밑에서 처음 만나 잠시 함께 걷다가 헤어졌다. 며칠 전 리치먼드로 향하던 날도 도중에 만나, 잠시 함께 걷다 헤어졌으니 오늘이 세 번째 만남이다. 여성 둘이니만큼 걸음이 늦을 거라는 지레짐작으로, 지난 두 번 모두 성질 급한 내가 먼저 출발하면서 헤어진 셈이다. 킨시가 배낭에서 사과 세 개를 꺼냈고 나는 한국 초콜릿 봉지를 꺼냈다.

"산을 네 개나 넘고 있다. 오늘 코스가 가장 힘든 것 같다. 누들스, 당신은 어떤가?"

"나도 마찬가지다. 오늘이 가장 힘든 것 같다. 그러나 가장 멋진 코스다. 저기 북해까지 보이잖은가?"

"같은 생각이다. 최고다."

셰릴리의 폭풍 수다가 이어졌고, 후배지만 과묵한 킨시와 영어 짧은 내가 고개를 끄덕이며 경청자의 입장이 되었다. 내가 많이 앞서가 있고 둘은 많이 뒤쳐져 있다고 생각했는데 늘 이런 식으로 결국은 만난다. 셰릴리의 수다로 대략 둘의 하루일과의 패턴이 감 잡혔다. 걷는 속도는 나보다 많이 늦지만 둘은 나보다 아침에 더 일찍 출발하고 오후 더 늦게 숙소에 도착하는 모양이다. 보폭이 느린 대신 똑 같은 거리를 나보다 하루 두 세 시간은 더 오래 걸어온 것이다.

어릴 적 배운 토끼와 거북이의 이야기를 예로 들어, 나는 토끼고 둘은 거북이 같다고 비유해줬다. 한국에서 토끼는 방심과 부주의, 거북이는 근면성실과 끈기를 대변하는 캐릭터라는 설명도 보충해줬다. 토끼가 더 활동적이고 요즘 세상에는 어울린다고, 과묵한 킨스가 대꾸해줬다. 상대를 배려하는 의례적인 코멘트인 줄은 알면서도 듣는 기분은 좋았다.

20분 후 내가 먼저 일어났다. 둘은 정상의 경치를 좀 더 즐기다가 출발한다고 했다. 작별 인사하고 떠나는 내 등 뒤로, 그들의 소위 뒷담화가 들리는 듯하다.

'흥! 토끼 양반, 그래 먼저 가보슈, 얼마나 멀리 가나 또 봅시다.'

머리 뒤끝이 켕기는 느낌이다.

다섯 번째의 콜드무어Cold Moor를 지나 웨인스톤스The Wainstones에 오를 즈음 체력은 거의 방전 상태였다. 자연이 오랜 시간 다듬어놓은 기괴한 모양의 바위 조각들 위에 스르르 기대어 앉았다. 20분을 쉬고 나서야 다시 일어날 수 있었다.

오늘의 마지막 오르막인 해스티 언덕Hasty Bank까지는 거의 기어가다시피 해야 했다. 이윽고, 시원하게 뻗어 있는 길고 긴 하산길이 눈앞에 나타났다. 비로소 다시 기운을 되찾을 수 있었다. 어딘가에 남아 있던 에너지였는가 보다. 늦은 오후 햇살을 등지고 타박타박, 그러나 산 다섯 개를 하루에 넘었다는 뿌듯함을 가득 안은 채였다.

마지막 산을 거의 다 내려올 즈음 저 멀리에서 반가운 사람들이 나를 기다리고 있었다. 나를 향해 손을 흔드는 그 모습으로 알 수 있다. 세 살 난 에드워드 군과 그의 할머니 자넷 테일러 여사. 두 달 전 숙소 예약하면서 이메일 세 번 주고받은 게 전부인데 한눈에 서로를 알아본다. 숙소가 코스에서 많이 떨어져 있어서 차를 몰고 픽업 나오기로 예정되어 있었다. 두 시간 전 로드스톤스 카페에서 미리 확인 전화를 해둔 터였다. 이곳 클레이뱅크 톱에서 만나기로 한 약속 시간보다 40분이나 늦은 도착이었다.

아는 사람 하나 없는 잉글랜드 북부의 내륙 깊숙한 산 밑에서, 얼굴도 모르는 나를 40분이나 기다려준 두 사람의 영국인이 있었다.

경로 Osmotherley → Scarth Wood Moor → Huthwaite Green → Live Moor → Calton Bank → Lord Stones Cafe → Kirkby Bank → Wain Stones → Hasty Bank → Clay Bank Top

총거리 20km **최고 고도** 390m **최저 고도** 120m

Day 13

블래이키 리지

Blakey Ridge

해발 454m의 우라 무어까지만 올라가면, 이후부터는 해발 400m의 평원이 이어진다. CTC 경로 중에서 고지대 황야가 가장 넓게 펼쳐지는 구간이다. 블로워스 크로싱을 지나면 판데일 무어의 장엄한 정경을 볼 수 있다.

"생선회와 김치를 다시 먹어보고 싶었는데, 그동안 기회가 없어서 아쉬웠어요."

그녀가 한국에 살았었다는 사실이 신기하면서 반가웠다. 이메일로 숙소 예약을 할 때, 내가 어느 나라 사람인지 밝히지도, 그녀가 묻지도 않았었다. 우연히 예약하고 투숙한 영국의 시골 마을 숙소 주인이 한국과 깊은 인연이 있었다니 얼마나 반가운 일인가. 한국말도 꽤 했었다고 한다. 오랜 세월이 지나다 보니, 지금은 다 까먹

한국살이 6년의 기억을 되살리는 숙소의 주인. 20년 만에 처음 만나는 한국인이라며 반가워한다.

었고 "안뇽"이라는 한 마디만 기억하는 모양이다. 남편 직장을 따라 1988년부터 부산에 6년을 살았다는 것이다. 한국을 떠나온 지 20년 만에 처음 만나는 한국인이 나인 셈이다. 부산의 바다와 산을 그리워하는 그녀의 마음이 고스란히 느껴진다.

어제 오후 클레이뱅크 톱에서 여사의 차를 타고 남쪽으로 15분을 내려왔다. 한적한 마을 춥게이트Chop Gate 도로 옆에 아담한 게스트하우스 스톤크로프트Stone Croft. 교사였다가 정년퇴직한 지 8년 된 자넷 여사가 이 게스트하우스를 운영하고 있다. 3년 전 지병으로 세상을 떠난 남편의 자리는 이제 막 친구가 되어가는 손주 에드워드가 채워주고 있다. 인근에서 사업을 하는 딸이 일주일에 두 번

에드워드를 데려와 맡겼다가 아침에 데려가곤 한다.

제주도 비양도 섬이 가까운 바닷가 마을 어느 집 부엌, 외할머니가 조그만 수저에 생선죽을 뜨고는 자신의 입에 넣어 두어 번 오물오물한 후 손주의 입에 옮겨준다. 맛있게 받아먹은 아이가 모이 기다리는 병아리처럼 다시 할머니 얼굴을 똥그라니 올려다보던 기억이 되살아난다. 오랜 시간이 지난 어릴 적 기억인데도 어쩐 일인지 여태껏 선명한 이미지로 남아 있다. 손자와 외할머니의 관계는 세상 어디나 비슷한 모양이다.

아침에 눈을 떴고 1층으로 내려가 녹차를 한 잔 마셨다. 여사 혼자 주방에서 아침 준비를 하고 있다. 에드워드는 아침 일찍 엄마가 와서 집으로 데려갔다고 한다. 아이 한 명이 있다가 떠난 것뿐인데 집안 분위기는 차이가 많았다. 여사가 준비한 영국식 아침식단을 천천히 다 비우고 배낭을 꾸렸다. 바지와 내의 등 뽀송뽀송해진 세탁물을 한 움큼 돌려받고는 10파운드 지폐를 내밀었으나 기어코 받지를 않는다. 5파운드는 세탁비, 나머지 5파운드는 에드워드 과자 값으로 생각한 건데 여사는 한사코 사양한다.

10시가 되어서야 숙소를 나섰다. 평소보다 늦은 시간이다. 어제 나를 픽업해준 곳까지 태워다 주고 자넷 여사는 나와 작별하고 돌아갔다. 영국 와서 2주일 넘게 여행하는 동안 가장 정겨웠고 포근했던 숙소였다. 내가 아는 누군가가 이 길을 걸으러 떠난다면 추천해주고 싶다.

여사의 파란색 승용차가 언덕 아래로 시야를 벗어났고 그제야 난 걸음을 돌려 산을 오르기 시작했다. 다시 무어랜드로 들어선다. 어제 거쳐온 다섯 개의 무어랜드와 도로 하나를 사이에 두고 이어지는, 여섯 번째의 우라무어Urra Moor다.

익숙한 표지판이 맨 먼저 나를 반긴다. 화살표로 방향을 나타내는 목판에 '클리블랜드 웨이Cleveland Way'라는 글씨가 선명하다. 어제 아침부터 계속 봐온 표지다. 영국을 서에서 동으로 횡단하는 '코스트 투 코스트' 길을 걷고 있는 나는, 어제 아침부터는 '클리블랜드 웨이'도 함께 걷고 있는 셈이다.

우리 한반도에는 부산 오륙도 앞에서 고성 통일전망대까지를 잇는 장거리 트레일이 있다. 스페인 산티아고 순례길에 맞먹는 장장 770킬로미터의 해파랑길이다. 부산 이기대길, 영덕 블루로드, 강릉 바우길 등 영남과 강원 지방의 좋은 길들이 연결되어 하나의 길로 되었다. 강릉의 해안과 내륙을 한 바퀴 도는 바우길의 경우, 동해안을 벗 삼아 걷기도 하고, 내륙으로 들어가며 대관령과 백두대간 선자령을 누비기도 한다. 강릉 정동진 해변과 주문진항을 지나는 구간에서 해파랑길은 바우길과 하나가 된다.

영국 횡단길 CTC에서 만나는 이 클리블랜드 웨이는 우리의 동해안 해파랑길에서 만나는 '바우길'과 많이 닮았다.

멋진 해안선을 따라 걸을지 헤더 만발한 무어랜드를 걸을지 결정을

못하겠다면, 110마일의 클리블랜드 웨이가 완벽한 선택이 될 것이다.

클리블랜드 웨이를 홍보하는 홈페이지 글이다. 이 노스요크 무어 국립공원을 3분의 2 정도 누비는 둘레길이라 할 수 있다. 국립공원 남서단에서 북동해안으로 내륙을 걷고 이어서 북해 해안을 따라 스카버러Scarborough 너머까지 내려가는 트레일이다. 어제와 오늘 클리블랜드 내륙길의 중간쯤 되는 구간을 걸으면서, 우리의 동해안 해파랑길과 강릉 바우길을 추억하고 있다.

우라무어의 급경사 구간을 한동안 오르고 나면 넓은 평원이 펼쳐진다. 사방이 360도 완전히 트였다. 멀리 판데일무어Farndale Moor와 하이블라키무어High Blakey Moor도 시야에 멋지게 들어온다. 완만한 오르막이 끝나는 정상 지점은 해발 454미터다. 어제 오늘에 이어 내일 모레까지 걸을 이 국립공원에서 가장 높은 해발 구간이다.

높낮이가 별로 없는 고지대 평원길은 거센 바람에 약간의 방해를 받는 것 말고는 무념무상으로 걷기에 안성맞춤이다. 길을 잃을 염려도 없고 가이드북 지도를 꺼내어 대조해보지 않아도 괜찮다. 동쪽 지평선만 잘 주시하며, 멀찌감치 앞서가는 트레커들을 놓치지 않고 따라붙기만 하면 되는 것이다. 내 뒤 멀리에서 따라오는 이들에게는 내가 그들의 이정표가 되고 있으리라.

시간을 의식하지 못하며 한참을 걸었을까. 무심코 고개를 들어 본 어느 순간, 일직선이던 지평선 근처에 자그마한 뭔가가 끼어들었다. 지도상에 '라이언 인Lion Inn이 처음 보이는 지점'이라고 표기된 곳을 의식 못하고 무심코 지나온 모양이다. 오늘 일정이 막바지에 이른 것이다.

나도 모르게 걸음이 조금 더 빨라졌다. 지평선 근처에 자그마한 뭔가였던 것이 언덕 위의 고성처럼 우람한 모습으로 가까워졌다. 라이언 인은 해발 400미터의 평원에 저 홀로 우뚝 선 게스트하우스 겸 카페다. 자신을 향해 오는 모든 트레커들에게 멋진 자태를 뽐내며 서 있다.

카페 안은 자리를 찾기 어려울 정도로 북적인다. 광활한 국립공원의 한가운데를 종단하는 도로를 끼고 있어서이리라. 남북으로 차를 몰던 이들과 동서로 무어랜드를 지나온 트레커들 누구나가 잠시 쉬어가거나 하룻밤 묵어가는 곳이다. 유리창이 없이 돌담으로만 지어진 카페 실내는 노란 불빛 속에서 왁자지껄 시끄럽지만 그윽한 커피 향으로 가득 차 있다. 카운터에서 샌드위치와 콜라를 주문하고는 구석 자리를 찾아 앉았다.

오늘 묵을 숙소는 이곳에서 꽤 떨어진 곳이다. 이메일로 약속한 대로 전화를 했고 게스트하우스 주인은 기다렸다면서 나를 반겼다. 한 시간 후에 픽업 나와 달라고 요청을 했고 주인은 알았다고 했다. 오늘 일정은 이제 다 끝났다. 마음이 한결 느긋해졌다.

해발 400미터 평원에 홀로 우뚝 선 게스트하우스 겸 카페, 라이언 인.

샌드위치보다 먼저 온 콜라 한 잔은 이미 비워졌지만 갈증은 여전하다. 생맥주 한 잔을 주문하고 잠시 아무 생각 없이 멍하니 앉아 있었다. 몸에서 알코올을 요구하는 건지 갈증이 더 심해지는 느낌이다. 손님 받느라 바쁜 카운터를 향해 손짓으로 생맥주를 독촉했다. 변함없이 기분 좋은 오후.

경로 Clay Bank Top → Urra Moor → Bloworth Crossing → Farndale Moor → Lion Inn → Blakey Ridge

총거리 15.5km **최고 고도** 450m **최저 고도** 230m

Day 14

그로스몬트

Grosmont

블래이키 리지 해발 400m에서 해발 50m의 그로스몬트까지 전 구간에 걸쳐 내리막이 이어진다. 포장도로, 황야의 벌판, 시골 마을, 숲길 등 가장 다양한 형태의 길들을 내리막과 함께 편안히 걸을 수 있다. 그로스몬트 역은 증기기관 열차가 여전히 운행되는 운치 있는 시골역이다.

어제 오후 반갑고 기분 좋은 선물이 내 손에 쥐어졌다. 라이언 인에서 점심을 마치고 얼마 후, 픽업 나온 차를 타고 숙소에 도착했었다. 밀린 빨래와 샤워를 마치고 낮잠 한숨 자고 저녁 식사를 마치고 한가로운 저녁이었다.

오거스트August 게스트하우스 거실에는 문학 서적이나 여행 잡지 등 온갖 종류의 책들이 빽빽하게 꽂혀 있었다. 소파에 앉아 빈둥거리다가 책꽂이 한편에 놓인 큼지막하고 두꺼운 책 한 권에 눈길이 갔다. 시선이 닿은 순간 직감으로 알아차렸다. 바로 그 책이었다. 앨프리드 웨인라이트의《코스트 투 코스트 워크》. 이 횡단길을 개척한 후 그가 내놓은 도보여행서 겸 화보집 1987년 판이었다. 말로만 들었지 책 원본을 실물로 만나기는 처음이었다.

앞표지에는 녹색 초원과 보라색 헤더가 만발한 무어랜드, 뒷표지는 담배 파이프를 물고 있는 노작가의 모습이 근사하다. 두꺼운 양장 표지에, 보통 책들의 두세 배 무게는 될 것 같다. 색이 잔뜩 바랜 페이지 속 화보들을 한 장 한 장 넘기며 가슴이 뭉클해졌다. 세인트비스의 그 해안 절벽과 푸르면서 회색을 띠던 아이리시 해, 레이크 디스트릭트의 호수와 산과 계곡들…….

사진 한 장 한 장 모두, 그동안 지나오면서 두 눈과 마음속에 촘촘히 새겨 넣은 정경들이었다. 내 조그만 카메라 안에도 차곡차곡 쌓여있는 모습들이기도 하다. 페이지 사이사이에는 작가가 직접 그렸다는 그림과 스케치들이 절묘하게 배치되어 있어 더 정겨웠다. 호숫가에 배낭 내려놓고, 조그만 스케치북에 주변 정경을 쓱싹쓱싹 연필로 그려가는, 수십 년 전의 젊은 웨인라이트 모습이 그려진다.

소파에 쪼그리고 앉아 책에서 눈을 못 떼고 페이지를 넘기는 내 모습을, 막 설거지를 끝낸 주인아주머니가 유심히 본 모양이다.

"원하면 가져도 된다."

소파 앞자리로 다가온 그녀가 대수롭지 않은 표정으로 툭 던진다. 멍하니 고개 든 나를 보고 웃으며 한마디 더 한다.

"나우, 잇츠 유어스(Now, it's yours)".

정당한 가격을 지불하겠다는 내 제안에 "괜찮다"는 그녀의 답이 돌아왔다. 아주 오래된 책이고 새로운 버전을 구입하려던 참이라고 했다.

예기치 않은 곳에서 얼떨결에 귀한 보물을 손에 넣었다. 방에 돌아와 침대에 누웠다. 무슨 황금 덩어리 하나 만져보듯, 페이지를 넘기고 뒤적이다 꼬옥 껴안고 잠이 들었다.

'배낭이 1킬로그램은 더 무거워지겠군.'

잠결에 행복한 고민까지 덧붙여졌다. 내 휴대용 노트북보다 무게가 더 나가는 화보집이다.

크링글무어의 임금님 의자에서 헤어졌던 셰릴리와 킨시를 오늘 아침 식탁에서 다시 만났다. 어제 저녁 늦게 도착해 체크인했던 모양이다. 역시 걸음은 늦지만 나보단 더 많은 시간을 길 위에서 보내는 그녀들이다. 정말 묘한 인연이다. 주변에 게스트하우스가 많을 텐데 하필 같은 곳을 예약했었다는 게 우연치고는 꽤 신기했다. '우연'이라는 화제에서 시작해 세 사람의 아침 식탁에 이야깃거리가 풍성하고 유쾌해졌다.

여기까지 먼 길을 잘도 걸어왔다는 성취감에 뿌듯해지는 마음은 세 사람 모두 같았다. 내일이면 모든 여정이 끝난다는 아쉬움 또한 셋 모두에게 같았을 것이다. 내일 로빈후즈베이에 도착해 트레킹을 마친 후에도 여행 일정이 10여 일 더 남았다는 나를 그들은 부러워했다. 셰릴리와 킨시는 곧바로 런던으로 내려가서 이틀 머문 후 미국으로 돌아간다고 한다. 아쉬움이 묻은 표정들이다. 거기에 더해 어제 선물 받은 웨인라이트의 책까지 자랑했다. 궁금해하는 그녀들을 위해 배낭에 넣어두었던 책을 다시 꺼내왔다. 식탁 위에 책을 펼치자 내가 어제 느꼈던 그 기분이 그녀들에게도 전달된 모양이다.

책은 14개 챕터로 구성되어 있다. 하루에 한 코스씩 걷기 쉽도록 작가가 전체 길을 14개 코스로 나눈 것이다. 오늘 걸어야 할 코스는 제13장, '블래이키에서 그로스몬트까지'다. 챕터가 시작되는 첫 문장은 단어 세 개가 전부였다. 'The penultimate day.' 생소한 단어라 웅장하고 서사적인 의미를 담는 형용사이겠거니 생각했는데 셰릴리의 설명을 듣고 보니 싱겁다. '끝에서 두 번째'라는 뜻을 가진 단어라고 한다. 오늘 그로스몬트까지 걷고 나면, 이제 여정은 내일 하루가 남는다는 것. 오늘과 내일 거쳐갈 산과 계곡과 시골 마을 정경들이 우아하고 장쾌한 사진으로 남은 페이지들을 장식하고 있었다. 출발해야 할 아침 시간이 많이 늦어졌다.

다시 라이언 인 앞에서 오늘 일정이 시작되었다. 게스트하우스 주인이 어제 나를 픽업했던 이곳까지 우리 셋을 태워다 주고는 돌아갔다. 대체로 맑았던 어제와 달리 가랑비가 계속 내리고 있다. 차량이 거의 없는 아스팔트 길은 비바람 속에서도 꽤나 편안하고 상쾌했다. 사방천지의 고지대 무어랜드, 지평선만 보이는 황무지 한가운데를 가늘고 길게 질러가는 유일한 차도다. 걸음이 느린 그녀

CTC 유일의 포장도로다. 무념무상 걷다가 또 길을 놓쳤다.

둘에게 양해를 구하고 다시 혼자 먼저 앞질러 갔다.

한참을 걸었을까. 이럴 때가 가끔 있다. 시원하게 트인 포장도로에서, 오가는 차량에 주의할 필요도 없고 돌부리에 걸려 넘어질 일도 없이 무념무상으로 발걸음을 옮기게 될 때 말이다. 우비를 둘러쓰고 생각이 멈춘 상태에서 꿈결 속을 걷는 듯 온몸이 자동적으로 나아가던 어느 순간, 번쩍 정신이 들었다.

'가만 있자, 여기가 어디?'

뒤돌아보니 지평선 밑으로 아무도 안 보인다. 셰릴리와 킨시, 그녀들과 다른 사람들 몇몇이 멀리에서 나를 따라오는 게 어렴풋이라도 보여야 하는데 그들이 사라졌다. 낭패다. 아스팔트 차도를 벗어나는 좌회전 포인트를 나 혼자만 지나쳐 온 모양이다.

주저앉아 지도를 꺼냈다. 주변 지형지물들과 대조해보니 무려 4킬로미터나 지나왔다. 맥이 빠지지만 이런 일을 한두 번 겪은 건 아니다. 마음을 분발시키며 다시 일어섰다. 오늘 코스 21킬로미터에, 지나친 길 왕복 8킬로미터 추가되는 것뿐이다. 한 시간 가까이 허겁지겁 되돌아오고 나서 무어랜드 들어가는 길목에 들어설 수 있었다. 앞에 놓인 비포장 길은 많이 질퍽해졌지만 비는 그쳐서 그나마 다행이다.

이제 막 들어선 글레이스데일 무어Glaisdale Moor 아래쪽에는 하루에 무려 67킬로미터를 걸어가는 트레커들이 있을 것이다. 왕복 8킬로미터 헛걸음을 매우 아깝다고 여기는 나를 보면 그들은 코웃음을

칠 것이다. '라이크 웨이크 워크Lyke Wake Walk(LWW)'는 이 지역 노스요크무어스 국립공원을 좌에서 우로 횡단하는 어드벤쳐 트레일이다. 일반적인 트레일이 아닌 극한의 도전 코스로 유명하다.

1955년에 공무원이면서 작가였던 빌 카우리Bill Cowley라는 사람이 "이 국립공원을 서쪽 끝에서 동쪽 끝까지 단 하루 만에 걸어서 횡단하겠다"고 언론에 발표했다. 동행할 사람을 모집한다는 광고와 함께였다. 해발 400미터가 넘는 황량한 무어랜드 67킬로미터를 단 24시간 안에 주파한다는 것이었다. 당시로서는 황당했을 목표에도 불구하고 12명이 응모했다. 한날한시에 많은 언론의 스포트라이트를 받으며 출발한 그들 열세 명은 모두 도전에 성공했다. 이들이 주축이 되어 '라이크 웨이크 워크 클럽'이 만들어졌고, 이후 오늘날까지 유명한 클럽으로 유지되어왔다. 지난 50여 년 동안 총 16만 명이 이 길에 도전해 성공했다고 한다.

어제는 클리블랜드 웨이를 걷다가 헤어졌다. 오늘은 라이크 웨이크 워크라는 또 다른 유명한 트레일과 겹쳐서 걸었다. 코스트 투 코스트와 클리블랜드 웨이, 그리고 라이크 웨이크 워크까지, 3개의 유명 트레일이 함께 펴져 있다는 사실 하나만으로도, 이 노스요크무어스 국립공원이 품고 있는 자연의 매력이 설명될 수 있다.

웨인라이트의 책 서문은 간단한 문장으로 시작되었다.

1967년 나는 직장에서 은퇴했고, 페나인 웨이The Pennine Way를 걸

CTC는 반드시 서에서 동으로 걸어갈 것을 고집한다. 왼쪽에서 오른쪽으로가 자연의 이치라는 것이다.

었다.

은퇴자로서 제2의 인생을 시작하는 웨인라이트의 심경이 저 한 줄에 녹아 있는 듯 보인다. 내가 궁금해하던 점도 설명이 되어 있었다. 대개의 트레일들이 방향에 관계없는 양방향 길인데 반해, CTC는 반드시 아이리시 해에서 북해 방향으로, 즉 '서에서 동으로'를 고집한다. 그 이유가 궁금했었다.

웨인라이트는 두 가지 이유를 들고 있다. 첫째는 왼쪽에서 오른쪽은 자연의 이치에 맞는 방향이라는 것이다. 인간이 글자를 쓸 때도 좌에서 우로, 책의 페이지를 넘길 때도 같은 방향임을 예로 들고 있다. 심지어 일렬로 선 사람들을 호명할 때도 왼쪽부터 우측 순서로 부른다는 것을 상기시킨다. 우리 생활에서 너무나 당연했지만, 특별히 의식하지는 않았던 사실이다. 웨인라이트의 싱거운(?) 강조에 의해 '그래, 맞아' 하며 금세 수긍하는 마음이 되었다.

둘째 이유는 보다 과학적이다. 도보여행에는 기후 조건이 매우 중요한데, 이 지역에서는 비와 바람이 몰아치는 방향이 6일에 5일은 '서쪽에서 동쪽으로'라는 것이다. 비바람을 마주 보며 걷기보다는, 등에 맞으며 걷는 게 훨씬 편하다는 사실은 너무나 자명하다. 내 경험까지 추가한다면, 피곤해지는 오후 시간은 서쪽을 보고 해를 마주하여 걷기보다는, 햇살을 등에 맞으며 동쪽을 향해 걷는 게 역시 좋았다.

해발 400미터 무어에서 평지로 내려가고 있다. 그레이스데일을 지나며 다시 거세진 비를 피해 조그만 카페, 안클리프 암스Ancliffe Arms에 들렀다. 손님이라곤 나 혼자인 시골 카페에서 샌드위치와 차 한 잔을 주문하고 비가 그치기를 기다렸다. 유리창에는 빗줄기들이 부딪히며 날카로운 자국들을 만들어내고, 스피커에선 잘 모르는 영국의 대중음악이 흘러나온다. 빛이 잘 안 드는 실내의 노란 전등 불빛이 정겹다. 젊은 여성 혼자 카운터와 주방 일을 다 하는 그런 소박한 카페였다. 비가 조금 갠 후 다시 길을 나섰다.

베거스 다리Beggars Bridge를 지날 때의 조그만 기차역과 철로길, 그 옆을 흐르는 에스크 강River Esk, 넓은 초원에서 풀을 뜯는 양 떼들, 뽀얀 안개에 쌓인 에그턴 다리Egton Bridge, 숲길 다음에 오솔길 그리곤 마을 포장길, 나무로 지은 집 굴뚝에서 올라오는 저녁연기…….

거센 비가 그치고 솜털 같은 가랑비가 내리는 오후의 시골길은 어느 풍경 하나 내 시선을 허투루 돌리도록 하질 않았다. 이윽고

어느 마을 입구에 예쁜 조형물 하나가 나를 반긴다. 마을 이름이 선명히 새겨져 있다. '그로스몬트'. 오늘 이 코스에 대한 웨인라이트의 표현이 실감난다.

지난 며칠 동안의 외로움은 이제 끝났다. 사람들 모습이 눈에 띄게 늘어났고 예쁘게 흐르는 강물도 만난다. 고원 지대에서의 적막 대신 문명의 소리들이 귀에 들려온다. 집들이 늘어났고 가게들도 자주 보인다. 주변 풍경은 더 이상 황량하지 않다. 울창한 숲에서는 초록의 싱그러움이 가득하다.

경로 Blakey Ridge → Fat Betty → Glaisdale High Moor → Glaisdale Rigg → Glaisdale → Beggar's Bridge → Egton Bridge → Grosmont
총거리 21.7km **최고 고도** 430m **최저 고도** 20m

Day 15

호스커

Hawsker

그로스몬트에서 슬레이츠 무어 정상까지는 4km의 포장도로지만, CTC에서 마지막으로 힘들여 올라야 할 가파른 오르막 구간이다. 이후 리틀벡까지 편안한 내리막이 이어진 뒤 숲길이 계속된다. 숲속에는 작은 폭포인 폴링포스가 있고, 그 옆에는 야외 티가든(Tea Garden)도 있다.

옛날 옛적 비둘기호 열차에서 까먹던 삶은 계란의 맛은 수십 년이 지난 지금도 생생하다. 칠성사이다와 함께 입속에서 오물거리던 그때를 연상하면 말랐던 침샘이 젖어온다. 차창 속 나를 향해 손 흔들던 시골길 아이들 모습도 눈에 선하다. 도회지에 대한 선망을 가득 담은 표정들이었다. 간절함과 부러움 섞인 눈빛들이기도 했다. 입속에 계란을 오물거리며 차창으로 아이들을 바라보는 내 눈빛에는 아마도 진한 그리움이 비쳤을 것이다. 고향에 대한 향수쯤 되었겠

아직까지 증기기관차가 운행되는 그로스몬트 역.

다. 방학이면 내려갈 수 있었던 고향인데 그때는 왜 그리도 늘 그리워했던지…….

느릿한 기차가 주는 특유의 노스탤지어가 있다. 청량리역에서 동해안 묵호역으로 떠나는 열차도 그런 감상에 젖어들게 하는 뭔가가 있다. 석유를 먹는 디젤기관차의 느긋함, 바로 무궁화호의 매력이 그런 것이리라. KTX처럼 쏜살같은 첨단 전동차에서는 느낄 수 없는 그런 정취다. '칙칙폭폭 칙칙폭폭', 훨씬 그 이전 시절을 건드리는 추억의 소리다.

누군가의 땀과 삽질에 의해 석탄이 들어가고 시커먼 연기와 흰 수증기를 내뿜으며 달리는 증기기관차, 지금 우리나라에선 만날 수가 없다. 전남 곡성역에서 잠시 타볼 수는 있다고 하지만 겉모습만 그렇지, 석탄을 태우고 스팀을 뿜는 증기차는 아닐 것이다.

그로스몬트 역에 들어서는 순간, 오래 잊고 있던 칙칙폭폭 소리가 되살아난다. 조그만 증기기관차 한 대가 역에 막 들어와 서 있었다. 기차 앞머리 화통에서 검은 연기가 뿜어져 나오다 멈췄다. 남쪽 피커링Pickering에서 이곳 그로스몬트까지 한 시간 반을 달려온 노스요크무어스 증기열차다. 경제적 효율을 앞세우는 우리 시대엔 어울리지가 않는, 카톡 시대의 우편엽서 같은 것이다. 지혜로운 사람들의 투자와 노력으로 이렇게 운영되면서, 많은 사람들의 향수와 그리움을 채워주고 있다.

열차 주변에 하얀 수증기가 모락모락 피어나고, 그 속에서 연인과 가족들이 손에 손잡고 열차에서 내리고 있다. 반대편에는 또 다른 기차를 기다리는 승객들이 듬성듬성 걸으며 역내를 구경하고 있다. 나이 지긋한 정복의 역무원들이 여기저기 오고 가거나, 승객들 질문에 한가로이 설명을 해주고 있다. 21킬로미터를 걸어온 피로가 시골 기차역 정겨운 풍경에 사르르 녹아내렸다. 어제는 그런 날이었다.

주인 부부의 따뜻한 환송을 받으며 게스트하우스 리스베인Risvane을 나섰다. 어제 늦은 오후 적당히 북적거렸던 그로스몬트 역은 늦은 아침 10시인데도 한산했다. 가랑비 때문인가 했는데 대합실 안도 한산하기는 마찬가지였다. 하얀 증기를 뿜어대며 서 있던 열차는 아쉽게도 자취를 감췄다. 어제 저녁 이미 남쪽으로 떠났던

지, 오늘 아침 남쪽을 향하여 칙칙폭폭 달리고 있는지 둘 중 하나일 것이다.

역에서부터 가파른 오르막이 한참 이어진다. 15일간의 트레킹 일정에서 마지막 오르막이 될 것이다. 해발 320미터의 슬레이츠무어Sleights Moor 정상에 오르면 북해 바다가 20킬로미터 앞이다. 더 이상 시야를 가로막거나 땀을 쏟아 올라야 할 산과 고원은 없다. 며칠 전 콜턴무어에서 처음으로 시야에 들어왔던 북해 바다는 멀리서 가물거리던 신기루일 뿐이었다. 지금의 북해는 내 시야에 또렷한 자태로 들어와 앉았다. 오늘 어두워지기 전에 저 바다의 파도치는 절벽 위에 내가 서 있게 되리라.

휫비Whitby와 피커링을 잇는 고속도로를 가로질러 다시 평지로 내려오면 고원 위에서는 보이지 않던 시골집들이 자태를 드러낸다. 정상에서 거셌던 비바람도 이젠 조용해졌다. 아담한 숲속 마을 리틀벡Little Beck 어귀에서, 앞서 오다 쉬고 있는 영국인 부부를 만났다. 부부 옆에 나도 잠시 배낭을 내려놨다. 준비해온 샌드위치로 점심을 먹는 중인가 보다.

늘 그렇듯 길에서 만나는 이들끼리의 첫인사는 오랜 지인을 만나는 일처럼 친근하고 자연스럽다. 처음 오고 가는 질문들은 대체로 정해져 있다. 어디서 왔느냐, 한 번에 종주하느냐, 몇 번에 나눠서 걷느냐, 힘들지 않으냐, 오늘은 어디서 묵느냐……. 소소한 주제로 시작되는 이런 대화 몇 마디로 두세 시간 걸어온 피로가 풀리곤

한다. 몇 시간 동안 굳어 있던 입술에 생기가 도는 시간이다. 안으로만 향해 있던 마음이 다시 밖을 향해 열리는 시간이기도 하다.

마을을 벗어나 CTC 이정표가 이끄는 대로 들어서고부터는 세상에서 가장 편안한 숲길이다. 세상에서 가장 아담한 폭포가 있고, 세상에서 가장 정겨운 찻집에서 잠시 쉬어갈 수도 있다. 리틀벡우드Little Beck Wood는 오솔길이 있고 중간중간에 나무 데크 길이 이어진 포근한 숲이다. 그동안 지나온 길들이 머릿속에서 빛의 속도로 파노라마가 되어 지나간다. 이제는 몇 시간 안 남았다. 아쉬움 때문인지 마지막 힘을 짜내는 건지, 발걸음은 한층 느려지기만 한다.

숲속 깊은 곳에서 나는 소리에 잠시 걸음이 빨라지면 곧이어 나뭇잎 사이로 쏟아지는 우렁찬 물줄기와 마주한다. 폴링포스Falling

Foss는 낙차 20미터의 아담한 폭포이지만 그동안 쏟아 내린 비 때문인지 역동적이고 박력이 넘친다. 그래도 이전 여행에서 보았던 높고 우람했던 폭포들에 비하면 그저 귀여운 자태다. 꼬마 아이가 친구 앞에서 "나 오줌 줄기 얼마나 센지 봐" 자랑하는 모습이 떠올라 피식 웃음이 나온다.

폭포 바로 옆 야외 카페, 폴링포스 티가든Falling Foss Tea Garden에서 진정한 고수를 만났다.

"일본인인가?"

"한국인이다. 어디서부터 걸었나?"

"물론 세인트비스!"

"나도 그렇다. 우리, 로빈후즈베이가 이제 몇 시간 안 남았다."

"그렇다. 같이 축하하자."

"오늘까지 나는 15일 걸렸다. 그대는?"

"일주일!"

"뭐라고? 일주일? 정말?"

"물론이다. 7일."

"오 마이 갓! 걸은 게 아니라 날았구나."

같은 거리를 당연히 비슷한 기간 동안 걸어온 줄 알았는데 그게 아니다. 여기까지 300킬로미터를 나는 하루 평균 20킬로미터씩 걸은 셈인데 그는 두 배가 넘는 43킬로미터씩을 걸었다는 것이다. 마라톤 풀코스를 연속적으로 7일 동안 반복해서 뛰었다니, 입이 다

물어지지 않는다. 어제 잠시 겹쳤던 서바이벌 코스 '라이크 웨이크 워크'에서 과연 어떤 사람들이 하루 24시간 안에 67킬로미터를 주파하는지 경이로웠다.

그리스에서 왔다는 이 젊은 친구를 보니 그 정도는 아무것도 아니었다. 온화하게 웃음 짓는 표정에서 강인한 내공도 느껴진다. 카페를 나와 10여 분 정도 함께 걸었다. 이제 뛰어야 할 시간이라며 그가 작별인사를 해왔다. 굿바이 한 마디 남긴 순간 그는 이미 저 앞을 뛰고 있었다. 반바지 차림에 두툼한 두 다리의 뒷모습은 영화 〈300〉의 영락없는 그리스 전사였다. 일주일 간 매일매일이 자신과의 극한 싸움이었을 것이다. 자신의 한계를 극복하거나 확인해보려는 싸움.

마지막 무어랜드는 순식간에 지났다. 스니턴로무어Sneaton Low Moor는 거리 1킬로미터 정도의 자그마한 황무지였다. 지금껏 지나온 수많은 무어랜드들 중에 막냇동생쯤 되리라. 그곳 언저리에 홀로 서 있던 한 그루 소나무가 지도에 표기된 그의 이름과 함께 오래 기억될 만하다.

굽어 있는 외로운 나무.
Solitary Leaning Tree.

그레이스톤 언덕Graystone Hills을 내려오면서 눈앞에 멀리 해안 절

멀리 북해가 보인다. 거의 다 왔다.

벽의 모습이 뚜렷해졌다. 몇 년 동안 머리에 그려오던 그 로빈후즈 베이의 절벽이 시야에 처음 들어오는 순간이다. 나이 들어 처음 만나는 사춘기 때의 짝사랑 모습이 저러할 것이다. 오늘 아직 갈 길은 멀지만 손을 멀리 뻗는다면, 절벽의 검은 바위들이 차가운 감촉으로 손바닥에 느껴질 것만 같다. 고지대에서 리그 농장Rigg Farm으로 내려오고 나서야 북해와 해안 절벽의 모습은 대지에 가려졌다.

리그 농장 아이들 셋이 내 뒤를 따라붙었다. 하던 놀이가 심심했던지, 갑자기 나타난 이방인이 궁금했던지, 둘 중 하나일 것이다. 나의 영어 발음을 아이들은 못 알아듣는 것 같았고 나 또한 아이들 빠른 발음을 알아듣지는 못했지만 신기하게도 대화는 끊어짐이 없었다.

군대 시절 민간 마을 검문소에 근무했던 나는, 동네 아이들의 영웅이었다. 떼 지어 몰려와선, 근무 중인 내 주변을 둘러싸고 선망의 눈으로 바라보곤 했던 아이들이었다. "일동 차렷!" 하면 모두 곧추섰고 "일렬종대로 모엿!" 하면 순식간에 일렬이 되었다.

오랜 세월이 지났건만 아이들에 대한 나의 인기는 식지 않았나 보다. 잠시 배낭을 내리고 추억의 병정놀이를 다시 시도해봤다. 오래전 군 시절의 그 아이들이나, 지구 반대편 이곳 리그 농장 아이들이나, 세상의 아이들은 모두 같다. 배낭에 남아 있던 초콜릿 두 개와 알사탕 남은 봉지를 털어내 나눠 먹으며 서로 뜻 모를 잡담으로 수다를 떨다가 아이들과 헤어졌다.

로빈후즈베이가 표기된 이정표를 처음 만났다. 리그 농장을 벗어나고 잠시 후의 삼거리에서였다.

호스커까지 1마일, 로빈후즈베이까지 3.5마일, 스카버러까지 16.5마일.

아이리시 해를 바라보며 세인트비스를 떠난 지 15일째, 그동안 300킬로미터를 걸어왔고 로빈후즈베이까지 6킬로미터를 남겨두고 있다. 나도 모르게 걸음이 점점 더 느려진다. 어제까지만 해도 어서 빨리 북해 바다에 닿고 싶은 마음이었다. 아까 리틀벡 숲을 걸으면서부터 왠지 아쉬워지기 시작했다.

오후 3시 반, 마지막 마을 하이호스커High Hawsker의 삼거리 펍에 눌러앉았다. 이 길이 곧 끝나는데, 서두를 필요가 없었다. 이 길 위에서 가급적이면 시간을 좀 더 끌고 싶어졌다. 허기는 졌는데 점심이 당기지는 않는다. 좀 전에 아이들하고 나눠먹은 알사탕의 단맛 때문이리라. 생맥주 한 잔을 비우고 두 잔째를 시키면서 비프스테이크도 함께 주문했다.

'천천히 먹어야지, 천천히.'

빨리 가서 북해 바다 절벽 위에 서는 것보다는, 이 길에 조금 더 오래 머무르는 게 지금은 더 중요해졌다.

경로 Grosmont → Sleights Moor → Littlebeck → Falling Foss → Sneaton Low Moor → Graystone Hills → Rigg Farm → High Hawsker
총거리 16.9km **최고 고도** 280m **최저 고도** 20m

Day 15+

로빈후즈베이

Robin Hood's Bay

하이호스커에서 북해 쪽으로 난 길을 따라가면, 이윽고 북해의 파도를 바로 눈 아래로 내려다볼 수 있는 절벽에 서게 된다. 북해를 가까이에서 처음 만나는 그 지점을 '모 와이크 홀(Maw Wyke Hole)'이라 부른다. 절벽을 따라 남쪽으로 4km를 내려가면 로빈후즈베이에 이른다. 메인 도로(B1447)인 '스테이션 로드(Station Road)'를 따라 내려오다가 좁고 경사진 내리막길인 '뉴 로드(New Road)'에 들어서면 촘촘히 밀집된 상가 건물들이 나타난다. 여기를 지나면 마침내 CTC의 종착지(End Point)에 이르게 된다.

"일어서고 다시 일어서라, 순한 양이 사자가 될 때까지."

거장 리들리 스콧 감독의 2010년 영화 〈로빈후드〉에 나오는 대사다. 위대한 석공이었던 로빈의 부친이 바위에 새긴 문장을, 어린 로빈이 또박또박 읽던 장면이다. 핍박받는 민중들을 위해 불의에 굴하지 말라는 메시지이면서, 어린 아들에게 강하게 커 세상에 당당하게 나서라는 가르침이기도 했다.

'로빈후드' 또는 '로빈후즈베이'란 단어는 요 몇 년 나에겐 특별

깎아지른 절벽으로 끊임없이 몰아치는 북해의 파도. 여기가 로빈후즈베이다.

한 의미였다. 선망의 이상향이 되기도 했고, 성취해야 할 목표 또는 순례자로서 도달해야 할 신성한 어떤 곳, 그런 것이었다. "일어서고 다시 일어서라", 로빈후즈베이까지 오는 여정 동안 나를 격려하고 분발시켜준 소리였다. 빗속 질퍽한 무어랜드에서 발걸음 가볍게 힘을 주는 속삭임이기도 했고, 잠시 쉬었던 풀밭에서 다시 힘차게 배낭을 짊어지게 해준 비타민이기도 했다. 산속에서 길 잃고 헤매던 날에는 마음의 두려움을 쫓아준 강장제가 되기도 했다. 5년 전 봤던 영화 한 편이 낯선 길에서 힘과 격려가 되었다.

그 로빈후즈베이가 눈앞에 나타났다. 북해의 파도가 내려다보이는 절벽에 도착한 후, 해안선을 따라 남쪽으로 두 시간을 더 내려온 뒤였다. 깎아지른 절벽 아래에 오렌지색 지붕과 흰색으로 치장한 벽돌집들이 빈틈없이 촘촘히, 아주 촘촘히 들어서 있다. 길게 늘어선 해안선을 따라서는 여러 겹의 파도가 고요히 밀려들고 또 밀려들고 있다.

자그만 배에 몸을 실은 로빈후드가 저 파도를 타고 이곳에 숨어들었다가 다시 노 저어 나가곤 했다고 한다. 실존인지 허구인지 모르는 오랜 옛날의 한 영웅이 이곳을 근거지로 삼아 활동했다는 전설에서 마을 이름이 연유되었다. 길이 시작된 아이리시 해의 세인트비스는 전설 속 성녀의 이름을 지녔고, 길이 끝나는 북해의 로빈후즈베이는 전설 속 영웅의 이름을 품고 있다.

잠시 쉬면서 앉았던 의자가 다시 15일 전 첫날을 생각하게 해준다. 등받이에 새겨진 글 때문이다.

"저희 엄마 아빠의 소중한 사랑을 기억합니다. 늘 저희들의 마음속에 함께 있답니다."

영국을 걷는 동안, 누군가의 추모글이 새겨진 이런 의자들을 많이도 만났다. 발걸음이 무거워졌다고 느낄 즈음 주위를 돌아보면 어디선가 홀연히 나타나 나더러 잠시 앉아서 쉬었다 가라 했다. 세인트비스를 떠나던 날, 남쪽 절벽에서 만난 그 추모 의자의 글귀가 울림이 되어 되살아났다.

"매인과 한나 코너, 이곳 세인트비스에 40년 넘게 살다 가신 저희 부모님을 기억해주세요."

첫날 시작했던 여정과 마지막 날 여정이 어쩌면 이리도 쌍둥이처럼 같을까. 왼쪽 낭떠러지 밑으로 파도가 넘실대는 해안선을 따라 절벽 위의 시원한 초원길을 두 시간가량 걷는다. 그날은 잉글랜드의 서해안 세인트비스의 남쪽에서 북쪽을 향해 걷기 시작했었다. 오늘은 잉글랜드의 동해안 로빈후즈베이를 향해 북에서 남으로 마지막 길을 가고 있다.

북해의 바다 내음은 15일 전 아이리시 해의 그것과 별반 다를 바 없었다. 그때의 바다 저편 아일랜드 섬은 수평선 근처 어디쯤엔가 있을 터였지만, 지금의 북해는 아무것도 없을 것 같은 그저 망망대해일 뿐이다. 천 년이 넘는 그 옛날, 저 바다를 건너온 무서운 사람들의 천둥 같은 포효가 들리는 듯하다. 수평선 저 너머 까마득한 곳, 노르웨이와 스웨덴 그리고 덴마크라는 북유럽 땅에 살았던 바이킹족들의 무시무시한 함성 소리다.

두 시간 전 북해 앞에 섰을 때의 폭풍 같던 감동은, 로빈후즈베이를 내려다보며 걷는 지금은 은근한 희열로 바뀌었다. 마라토너가 스타디엄에 갓 들어설 때의 박수갈채는 폭풍일 것이고, 결승선을 바라보며 도는 마지막 한 바퀴는 희열일 것이다.

로빈후즈베이는 유럽 해변의 전형적인 휴양도시 정취를 풍긴다. 고지대의 단독주택들은 잘 손질된 꽃과 나무들에 둘러싸여 있다. 바다가 내려다보이는 정원에는 탁자와 빈 의자가 호젓하게 놓여 있어 럭셔리한 자태를 뽐낸다. 아랫동네 바닷가로 내려가면서, 넓은 아스팔트는 좁은 돌담 골목길로 바뀐다. 예쁜 카페와 레스토랑 불빛들이 초저녁 해변 골목에 운치를 더해준다. 내리막 골목이 꺾이면서 양쪽 건물 사이로 북해 바닷물이 출렁인다. 돌담길 끝자락으로 파도가 쏴아 밀려들고 있다. 서로 밀착한 연인 한 쌍이 파도 바로 앞에서 어두워 오는 수평선 너머를 바라보고 있다.

여기가 끝이다. 영국 횡단길 CTC의 종점.

흰 건물의 벽 한쪽에 이정표가 있다. 3년 전에 사진으로 처음

전형적인 유럽 해변의 휴양도시 정취를 풍기는 로빈후즈베이.

봤고 가슴 속에 하나의 꿈이 되었던 그 이정표.

코스트 투 코스트 길의 끝.

세인트비스에서부터 로빈후즈베이까지 192마일.

기다란 내리막 골목길 끝자락에 있는 작은 바닷가. 멀고 다난했던 길의 종착, 잠시 눌러앉아 지난 여정 되돌아보며 상념에 젖어 들 만도 한데, 내일 다시 찾아오기로 마음먹고 발걸음을 돌렸다. 숙소까지는 인적 없는 골목과 어두워진 숲길을 30분 더 걸어야했다.

초저녁의 로빈후즈베이가 한눈에 내려다보이는 언덕을 넘어 도착한 보글홀Boggle Hole 유스호스텔은 활기가 넘쳤다. 호스텔 마당은 청소년들의 캠프파이어와 노랫소리로 왁자지껄했다. 휴게실은 번잡하며 시끄러웠지만 산만하지 않고 정감이 느껴졌다. 생맥주를 마시거나 샌드위치를 먹거나 혼자 책을 보거나 혹은 둘이 소곤소곤 수다를 떠는 사람들이 모여 정겨운 분위기를 만들어내고 있다.

'땅끝'이다. 세인트비스에서 로빈후즈베이까지 나는 192마일을 걸었다.

체크인하면서 주문한 생맥주 한 잔을 받아들고 난로 앞 소파에 잠시 앉았다. 늦은 점심 덕택에 저녁 생각은 없었다. 맥주잔이 한 모금씩 비워지면서 눈꺼풀도 점점 무거워진다. 2층 침대로 옮겨가서 배낭을 풀고 샤워도 해야 한다. 그동안의 여정을 끝내는 나홀로 자축연이든 뭔가 멋진 마무리를 해야 하지 않겠는가? 그러나 머릿속 그림과는 별개로 축 늘어진 몸은 물에 담긴 스펀지처럼 소파에서 일어설 줄을 모른다.

2015년 9월 5일 토요일 아침, 북해의 바닷물이 호스텔 바로 앞까지 밀고 들어왔다가 빠져나가는 중이다. 어젯밤 캠프파이어에 북적이던 사람들은 아침 일찍 어디론가 모두 떠난 모양이다. 북해의 새벽 일출과 마주하리라던, 어젯밤의 야무진 꿈은 그저 꿈으로 끝났다. 수평선 위에 한참 올라와 있을, 구름 속 어딘가의 아침 해를 찾아보지만 끝내 보이질 않는다.

여행을 시작하면서 지금껏 매일의 아침은 바빴다. 그날 계획된 미지의 곳까지 가는 도중에 어떤 상황이 생길지 모르니, 아침은 가급적 서두르는 편이 나았다. 그러나 오늘 아침은 갑자기 목표를 잃어버린 사람처럼 멍해졌다. 느긋함, 편안함, 아쉬움, 허전함 등이 적당히 버무려진 아침이다.

바닷물이 빠져나간 썰물 바닥에서 아이와 강아지가 정겹게 뛰어노는 모습을 바라보다가 11시에 호스텔을 나섰다. 어제 30분간 지나온 그 숲길을 거슬러 다시 로빈후즈베이로 향했다. 어두워지기 전에 숙소를 찾아야 한다는 생각에 허겁지겁 지나온 어젯밤 그 길이 오늘 아침은 여유롭고 편안했다. 엊저녁 등 뒤로 무심하게 멀어졌던 로빈후즈베이 마을을 오늘은 차분하게 더듬으며 걸을 수 있었다.

아침 햇살 덕택인지 오렌지색과 흰색의 집들의 대비가 더욱 선명해졌고, 맞은편 절벽 위 숲과 나무들은 더 화사해졌다. 바다는 푸르렀고 밀려드는 파도는 어제보다 더 하얀 포말을 만들어내며 이윽고 부서지곤 하였다. 방파제 난간에 서거나 그 앞 벤치에 앉아 있는 두 쌍의 연인들 모습도 낙원의 그림과 같다. 어제 총총걸음으로 30분 걸렸던 그 길을 오늘은 한 시간 걸리며 천천히 여유롭게 어제의 그 자리에 다시 도착했다. CTC의 종착지.

열 명 남짓의 사람들이 북해 바다를 향해 서 있다. 여기저기 건물 벽에 기댔거나 벤치에 앉았거나 또는 유유자적 주변을 서성이는 사람들이다. 토요일 한낮의 바닷가 평화가 모두를 여유롭게 하고 있다. CTC 길을 낳은 앨프리드 웨인라이트의 흔적이 이곳저곳 눈에 들어온다. 어두워짐에 쫓겨 성급하게 자리를 떴던 어제는 보이지 않았던 것들이다.

그의 이름을 딴 '웨인라이트 바Wainwright's Bar'가 있고 그의 사진도 골목 건물 한쪽에 걸려 있다. 그가 수십 년 전 그렸음직한 CTC 길의 전체 지도가 보이고, 한편에는 바로 이 장소를 스케치한 수십 년 전 그림도 있다. 스케치 그림 가운데에 쓰여 있는 'The End of the Road' 글씨는 웨인라이트 본인의 필체일 것이다.

바로 옆 베이 호텔The Bay Hotel 2층 카페에 자리를 잡았다. 카페에는 CTC를 종주한 사람들이 기념으로 한 줄씩 써 남기는 방명록이 비치되어 있다. 멋진 문구가 생각나질 않아 대충 썼다.

"Extreme Happiness during 16 days!"
"16일 동안 지극히 행복했노라."

넓지 않은 카페는 점심 손님들로 북적인다. 이 주변에서 가장 전망이 좋은 카페로 알려진 탓이겠다. 배낭 속에서 자그마한 조약돌 하나를 꺼냈다. 혹시 깨지지나 않을까 걱정하며, 종이로 여러 겹 고이고이 싸놓았던 조약돌이다. 길을 출발하던 첫날, 아이리시 해안 절벽에서 만난 팀스 씨 부부가 건네준 선물이었다.

세인트비스 해안의 조약돌 하나를 집어서 품고 있으면, 누구든 로빈후즈베이까지 안전하게 갈 수 있게 해준다고 했다. 이방인인 나는 알 수 없는, 이곳 사람들의 믿음이라고 했다. 원래는 로빈후즈베이에 도착한 후 북해 바다 멀리 조약돌을 던진다고 했다. 나는 그러질 못했다. 바다로 던지기보다는 집에 소중히 가져가기로 마음먹었다. 여기까지 오는 동안 나를 보호해준 것처럼, 앞으로 내 인생길에서도 나와 내가 사랑하는 사람들이 바른 길을 잘 찾아가도록 보호해주기를 바라며.

팀스 씨의 웃음 띤 얼굴이 떠오르고, 에너데일 다리에서 헤어질 때의 따뜻했던 그의 목소리가 들려온다.

"미스터 리, 이 조약돌이 당신을 로빈후즈베이까지 안전하게 데려다줄 것입니다."

경로 High Hawsker → 북해 앞 절벽 → North Cheek → Robin Hoods Bay
총거리 8.1km **최고 고도** 110m **최저 고도** 0m

Day 16

휫비

Whitby

로빈후즈베이에서 버스로 30분 거리에 있는 도시 휫비는 CTC 걷기를 마치고 여유롭게 2~3일 휴식하며 둘러보기 좋은 곳이다. 폐허로 남겨진 휫비 수도원과 세인트메리 교회, 소설 《드라큘라》의 배경인 대규모 묘지 등 볼거리가 많다. 특히 수도원 주변에서 내려다 보이는 북해와 마을 정경이 매우 아름답다. 휫비에서의 숙소는 수도원 안에 있는 유스호스텔(YHA Whitby)이 실용적이다.

북쪽으로 달리는 버스 속에서 30분을 보냈다. 남쪽의 스카버러를 상상하며 사이먼 앤 가펑클Simon & Garfunkel의 노래 '스카보로페어Scarborough Fair'를 몇 번 흥얼거리는 동안 시간이 금세 흘렀다. 도심 속 어딘가에 버스가 섰다. 휫비인가 보다. 인구 1만 5천 정도의 조그만 항구도시다. 규모는 작지만 남쪽 스카버러와 함께, 노스요크셔 주의 북해에 면한 2대 관광지에 속한다.

버스에서건 기차에서건 휫비에 내리면 가장 먼저 눈에 들어오는 곳이 두 군데 있다. 광장 아래쪽으로 흐르는 에스크 강River Esk이 먼저이고, 강 너머로 눈을 들면 길고 높다란 언덕에 똬리를 틀고 앉은 휫비 수도원Whitby Abbey이 그 다음이다. 이 도시의 상징이나 다름없는 저 수도원이 오늘 밤 나의 숙소다.

글래이스데일과 에그몬트브리지에서 나와 만났던 에스크 강은 이곳에서 북해로 퍼져나간다. 강 하류의 부두를 낀 랭번로드Langborne Road는 주말을 즐기는 사람들로 북적거리지만 평화롭다. 스포츠 복장을 한 일단의 여성들이 사진 찍어달라며 카메라를 건네 온다. 걷기 대회에서 참가상이라도 받은 듯, 왁자지껄 웃음이 끊이질 않는다.

에스크 강 45킬로미터 중간중간에 놓였을 수많은 다리들 중에 마지막은 빨간색 '스윙 브리지'다. 산속 강가에 걸쳐져 있던 소박한 다리들과는 차원을 달리하며 잔뜩 멋을 내고 있다. 강가를 따라 홀로 걷거나, 난간에 걸터앉은 연인과 가족들의 밝은 모습이 다리까지 쭈욱 이어진다.

다리 하나를 건넜을 뿐인데도 분위기는 확 바뀌는 느낌이다. 거리도 골목도 건물도, 심지어 사람들도 복고풍으로 변한 것 같은 착각이 든다. 다리 너머 경쾌하고 발랄했던 기운이 묵직하고 고풍스럽게 살짝 바뀌어버린다.

지도를 따라 빨간 벽돌 건물 사잇길로 들어서면 '캐드먼스 트로드Caedmon's Trod', 언덕 위 수도원까지 올라가는 좁은 길이다. 고대 영어로 시를 쓴 최초의 그리스도교 시인 캐드먼Caedmon은 원래 휫비 수도원의 마부였다고 한다. 무지렁이였던 그가 꿈속의 천사로부터 영감을 받은 후, 창세기 등의 성서를 영어 운문으로 옮겨 노래할 수 있었다는 것이다. 7세기 때의 시골 출신 마부가 말을 끌고 뭔가를 흥얼거리며, 에스크 강가에서 언덕 위 수도원까지 이 오르막길을 걸었을 모습이 그려진다.

숙소인 휫비 유스호스텔YHA Whitby은 폐허가 된 수도원 영내에 자리 잡고 있다. 휫비 시내가 한눈에 내려다보이고, 항구의 선착장과 방파제 너머 북해의 수평선까지 아우르는 곳이다. 그동안의 여느 숙소들처럼, 두 달 전에 해뒀던 예약이 아무 문제없이 유효하다. 12인실의 배정된 침대에 배낭 풀어놓고, 쉴 틈도 없이 숙소를 나왔다. 오후는 저물어가는데 내일 오후까지 1박 2일은 시간이 너무 짧다.

휫비는 세상에 '캡틴 쿡'으로 알려진 제임스 쿡James Cook의 고향이나 다름없다. 젊은 시절부터 그가 바다에의 꿈을 키우고 항해가로서의 인생을 시작한 곳이다. 태평양이란 바다를 처음으로 속속들이 유럽 세계에 알린 그였다. 그런 캡틴 쿡의 자취가 세계 곳곳에 남아 있겠지만, 그중에서도 뉴질랜드에 산 이름으로 남아 있는 그의 족적이 압권일 것이다.

1,000년 전 남태평양 타히티 마오리족이 카누를 타고 오면서, 뉴질랜드는 사람의 발길이 처음 닿았다. 그로부터 600년이 지나 네덜란드인 아벨 타스만이 그 땅에 내렸다. 서양인 최초였다. 그는 고국 네덜란드 해안의 '질랜드'란 지명에 'New'를 붙여 '뉴질랜드'라

폐허가 된 채 500년의 세월을 견뎌온 휫비 수도원. 이제는 휫비의 상징이 되었다.

이름 지었다. 다시 100년이 지나 영국인 제임스 쿡이 그 땅에 내렸다. 그가 뉴질랜드를 탐험하면서 서양인들의 이주가 본격화되었다.

뉴질랜드 남섬에는 험준한 산줄기가 있다. '서던알프스Southern Alps'라 불리며 섬의 등뼈처럼 남북으로 뻗어 있다. 이름에 걸맞게 뉴질랜드 남섬의 알프스인 것이다. 서던알프스 산줄기에서 가장 높은 산이 뉴질랜드 최고봉인 마운트쿡Mt. Cook(3,754미터)이다. 고향 영국을 떠나 지구 반대편 조그만 섬의 거대한 설산에 자신의 이름 '쿡'을 영원히 남긴 것이다.

휫비에서도 여러 곳에서 쿡 선장을 만나볼 수 있다. 강 건너 서쪽 언덕West Cliff에는 그의 동상이 서 있다. 머리 위에 앉아 배설물을 쏟아내는 괘씸한 갈매기 한 마리에게는 관대한 모습을 보이며, 휫비 항구와 북해를 바라보고 서 있다. 바르셀로나 람브라스 거리에서 지중해를 가리키며 서 있는 크리스토퍼 콜롬버스가 연상되는 모습이다. 에스크 강변에는 캡틴쿡 박물관Captain Cook Memorial Museum이 있어 지도, 편지, 그림, 공예품 등 그의 생애와 관련된 물품들을 살펴볼 수 있다.

캡틴쿡 박물관이 있는 스윙브리지 동쪽부터는 구시가에 해당한다. 박물관 건물부터 그렇듯 인근 주택과 상가들에는 강 서쪽과 반대로, 수백 년의 역사가 스며 있어 보인다. 양편으로 기념품 가게와 카페, 레스토랑들이 즐비한 골목은 주말의 관광객들로 북적댄다. 차를 몰고 와서 서너 시간 둘러보고 가는 사람들과, 버스나 기차로 요크 또는 미들스브러를 거쳐 하루이틀 이곳을 여행하고 가는 사람들이 대부분이다. 아래쪽 스카버러와 함께 영국인들로부터 많은 사랑을 받는 곳이다.

구시가가 끝나며 부두로 이어지는 길목에서 다시 수도원으로 오르는 또 하나의 길이 있다. 어제 지났던 캐드먼 길과는 반대편이다. 이름하여 '199계단', 수도원 못 미쳐 있는 세인트메리 교회St. Mary's Church까지 올라가는 계단길이다. 오르는 사람들은 계단 수가 199개가 맞는지 재미삼아 세어본다는데, 대부분 실패하는 모양이다. 오르면서 너무 숨이 차거나, 친구의 짓궂은 질문에 무심코 대답하다가 세던 숫자를 까먹곤 한다는 것이다.

계단의 수가 198개라거나 200개가 맞다는 식의 장난스런 주장도 있다. 뒤돌아보지 않고, 계단 수를 세느라 고개 숙여 오른 덕택

여행의 마지막을 장식한 항구도시, 휫비. 그림같은 정겨운 풍경으로 남아 있다.

에, 사람들은 계단 끝에서 만나는 장관에 더 감동하게 된다. 세인트 메리 교회 앞에서 숨을 고르고 뒤를 돌아보면 휫비 항구와 북해의 해안선이 마치 다른 세상의 정경으로 그림처럼 펼쳐진다.

오르막 끝으로 우뚝 솟은 폐허의 수도원이 반대편 해안선과 극명한 대비를 이룬다. 휫비 어디에서나 시야에 들어오는, 휫비의 상징물이다. 저렇게 폐허가 된 것은, 도중에 만났던 샤프 수도원처럼 16세기 튜더 왕조 헨리 8세 때부터였다. 왕자를 못 낳는다는 이유로 왕비 캐서린과 이혼하여 궁녀 앤 불린과 결혼하고 싶었던 헨리 8세였다. 이를 인정하지 않는 로마 교황에 반기를 들어, "영국은 왕이 교회의 수장이 된다"는 수장령을 내리고, 가톨릭과 결별하여 영국 국교회를 설립하였다. 이혼 후 새 왕비로 맞은 앤 불린마저 '천일의 앤'으로 참형에 처한 헨리 8세는, 1539년 그에 복종하지 않는 수도원들을 해산시키고 영지를 몰수하였다. 거기에 이곳 휫비 수도원도 예외일 수가 없었다. 7세기에 건립되어 바이킹에 의해 무너지고 다시 건설된 900년의 역사가 허물어진 채, 500년 세월을 저렇게 폐허로 남아 있다.

교회 마당이나 주변에 넓게 펴진 영국의 묘지들도 늘 인상적이었다. 워즈워스 시인이 묻힌 그래스미어의 교회 마당이 그랬고, 리치먼드를 떠나 볼턴 마을에서 만난 세인트메리 교회도 그랬다. 이곳 휫비 수도원 옆 세인트메리 교회의 앞마당 묘지는, 여태껏 본 중에 가장 넓고 가장 음산한 기운을 풍긴다. 이름이 지워졌거나 희미하게 남은, 수없이 많은 묘비들이 세월과 풍파의 흔적을 잔뜩 머금고, 각기 저마다의 사연을 간직한 채 고요하게 서 있다. 을씨년스런 날씨까지 보태져 주변에 음산함을 더하지만, 북해 바다와 에스크 강 아래쪽으로 눈을 돌리면 다시 온몸은 포근함으로 채워져간다. 겨울의 스산함과 봄의 포근함이 공존하는, 묘한 매력의 항구도시 휫비.

인터넷 지도를 펼쳐놓고 제주도 서쪽 어느 해안 마을에서 읍내 중학교까지 거리를 재봤다. 왕복 9킬로미터가 나온다. 지금은 '올레 14코스'의 일부가 된 해안도로 구간이다. 제주시로 전학 오기 전까지 비록 1년간이지만, 저 거리를 매일 걸어서 통학했다니, 생각해보면 스스로 대견해진다.

꼬닥꼬닥 걸어가다 아무 데나 퍼더앉아 비양도를 바라보노라면 금세 피곤이 풀리곤 했다. 콧노래 흥얼거리며 총총 걸었던 추억만 있지, 어린 몸에 등하굣길이 힘들었던 기억은 전혀 없다.

고등학교 들어가니 원보 훈련이라는 게 있었다. 교련복 입은 학생들이 기다란 줄을 지어 제주시에서 한라산으로, 서귀포로, 1박 2일 동안 온 세상(?)을 누볐다. 중학교 통학하며 걷기에 단련돼 있던 나에겐 식은 죽 먹기였다. 답답한 교실 안과 비교하면 수다쟁이 친구들과의 꿈같은 여행이었다.

고교를 졸업하고 객지로 떠나 살다 보니, 언제부턴가 고향 친구들에게 '육짓것 다 되었다'는 핀잔을 듣게 되고, 내가 자신 있어 했던

'걷기'와도 멀어진 삶이 되어버렸다. 주중엔 회사, 주말엔 '방콕'이 반복되는 회사적 인간의 전형으로 변해 있었다. 배낭 하나 짊어지고 먼 길을 걷는 내 모습을 늘 갈망하면서도 단지 상상뿐이었다.

게으름 때문이건 여건 때문이건, 현실에서 이뤄지지 않으면 더 간절해지는 법이다. 언제부턴가 인터넷에서 '세계 10대 트레일'을 검색하는 일이 습관이 되었다. 세상의 좋은 길을 찾아 영화 속 주인공처럼 폼 나게 걷는 나의 모습이 점차 인생 후반의 꿈으로 자리 잡아갔다.

"29년 회사 생활 마감하고 내일부터 저 백수입니다. 이젠 가진 게 시간밖에 없으니 자주 좀 불러주시고 많이 놀아주세요."

퇴직을 통보받던 날, 휴대폰에 입력된 지인들에게 단체 문자를 보내는 것으로 퇴직 신고를 한 번에 마쳤다. 어느 정도 예상은 하고 있었기에 담담하게 받아들였고, 쏟아지는 주변의 위로에 '나 괜찮다' 애써 여유 보이며 태연한 척 호기를 부렸지만 돌이켜보면 허세였다.

아침 출근할 곳이 없어진 백수 첫 해가 밝았고, 남해의 바래길로 떠났다. 난생 처음 시도해본 나홀로 배낭여행이었다. 3박 4일간 남해 70킬로미터를 혼자 걸으며 형언할 수 없는 행복을 느꼈다. 중고등학교 때의 내 모습을 비로소 찾은 듯했고, 미래에 대한 근거 없는 확신도 섰다. 묘한 첫 경험이었다.

그 후 수년이 지났고, 지금은 걷기와 여행이 내 인생 후반의 중요한 일부가 되어 있다. 오랜 세월 고향 떠나 방황하다 이제야 내 둥지로 회귀한 기분이다.

사는 동안 누구에게나 스트레스란 피해갈 수 없는 삶의 일부다. 학생, 직장인, 사업가, 전업주부……, 스트레스엔 남녀가 없고 노소가 없다. 어느 누구건 나름의 스트레스를 거듭 쌓으며 살아간다.

쌓인 만큼 허물고 해소해야 할 텐데, 그 방법을 알지 못하거나 알더라도 여건이 안 되어 시간만 흘려보낸다. 취미, 사교, 여행 등 남들이 하는 것을 따라 해보지만 '남들만큼 나도 즐긴다' 정도의 자기 위안뿐이지 스스로 행복해지기란 쉽지가 않다.

행복이란 스트레스를 줄여나가는 과정일지도 모른다. 주 5일 쉼 없이 일하고 주말에 방콕만 한다고 해서 휴식이 되는 건 아니다. 몸이건 머리건 우리의 근육세포와 뇌세포들을 열심히 움직여야 몸과 마음속 덕지덕지 붙어 있던 온갖 노폐물들이 쓸려나간다. 진정한 휴식과 자기 정화의 과정이 필요한 것이다.

휴식과 자기 정화에 걷기만 한 저비용 고효율 수단이 많지 않음을, 지난 5년간 경험을 통해 실감했다. 마음에 평온을 가져오고, 가끔은 난제에 답을 찾아주기도 하면서, 언제나 온몸의 세포를 분발시켜주는 에너자이저다. 먼 길을 걸을 때 한 사람의 뇌리에 쌓여

가는 상념들은 때로는 우주를 품을 만큼 깊고 원대할 수도 있다.

낯선 곳을 걷다가 갈림길 앞에서 종종 주저하곤 했다. 지도 표기도 애매하여 판단이 안 선다. 내 앞과 뒤로, 물어볼 누구도 보이질 않는다. 전에 나는 이럴 때 어떠했나 머리를 짜보아도 뾰족한 수가 없다. 잠시 망설이다 직관이 가는 대로 따를 수밖에 없었지만, 맞는 방향이었던 경우는 절반 정도였다. 간 길 되돌아 다시 그 자리로 와야 했거나, 먼 길 돌아 헤매고 헤매다 어찌어찌 옳은 길로 들어선 경우도 많았다.

회사적 인간이었던 동안 나에게 그런 헛걸음들은 에너지 손실에 무의미한 시행착오였고, 스트레스였다. 그러나 여행과 친숙해지던 언제부턴가 그 길들도 내 여행의 일부가 되었다. 예정치 않았던 또 다른 낯선 곳을 알게 해준 소중한 기회로 받아들여졌다. 여행이 내 마음에 가져다준 소소한 변화 중의 하나다.

멀리 돌이켜보면 인생에 헛길과 헛걸음도 많았다. 그때 그 길을 헤맬 때의 나의 마음이 지금과 같았더라면 참으로 좋았겠다. 아쉽긴 하지만 늦지도 않았다. 어느 영화의 대사처럼, "오늘은 내 남은 인생이 시작되는 바로 그 첫날"인 것이다.

영국 걷기여행

아이리시해에서 북해까지, 코스트 투 코스트 워크

초판 1쇄 발행 2023년 5월 22일

지은이 이영철

펴낸이 성의현
펴낸곳 (주)미래의창

출판 신고 2019년 10월 28일 제2019-000291호
주소 서울시 마포구 잔다리로 62-1 미래의창빌딩(서교동 376-15, 5층)
전화 070-8693-1719 **팩스** 0507-1301-1585
홈페이지 www.miraebook.co.kr
ISBN 979-11-92519-57-9 03980

※ 책값은 뒤표지에 표기되어 있습니다.